EINSTEIN
IN 30 SEKUNDEN

EINSTEIN
IN 30 SEKUNDEN

50 zentrale Aspekte zu Leben,
Arbeit und Vermächtnis

Herausgegeben von
Brian Clegg

Mit Beiträgen von
Philip Ball
Brian Clegg
Leon Clifford
Rhodri Evans
Andrew May

Illustrationen
Steve Rawlings

Librero

Titel der Originalausgabe »30-Second Einstein«

© 2018 Librero IBP (für die deutsche Ausgabe)
Postbus 72, 5330 AB Kerkdriel, Niederlande

© 2016 Ivy Press Limited

Künstlerische Leitung **Michael Whitehead**
Herausgeber **Susan Kelly**
Leitender Redakteur **Tom Kitch**
Art Director **James Lawrence**
Projektleiter **Jamie Pumfrey**
Redakteur **Charles Phillips**
Gestaltung **Ginny Zeal**
Glossartexte **Brian Clegg**

Aus dem Englischen von Markus Roduner, Christian
Fedeler, Roland Begenat und Stefan Hirzel
Lektorat & Satz: G & R Vilnius, Litauen

Gedruckt und gebunden in China

ISBN 978-90-8998-879-9

INHALT

EINFÜHRUNG
Brian Clegg

Albert Einstein als wissenschaftlichen Einzelgänger

und als ein Genie zu sehen, das unser Weltverständnis auf den Kopf gestellt hat, ist nicht ungewöhnlich. Doch auch Einstein arbeitete selten allein und baute auf der Erkenntnissen seiner Vorgänger auf. Um es mit dem Wissenschaftshistoriker Thony Christie zu sagen: »Es gibt keine einsamen Genies; Wissenschaft ist eine kollektive, kollaborative Sache.« Was allerdings die Bedeutung seines Beitrags zur Physik anbelangt, kann es nur Newton mit Einstein aufnehmen.

Dass immer wieder versucht wird, Einsteins Bedeutung infrage zu stellen, liegt vielleicht daran, dass er als erster Wissenschaftler ein umfassendes Medienecho auslöste. Wer sich mit Wissenschaft beschäftigt oder über sie berichtet, stößt regelmäßig auf Bücher und Artikel, die ihn zu widerlegen versuchen. Und skurrilerweise erscheint Einstein in einer 2013 vom Observer veröffentlichten Liste der zehn bedeutendsten Physiker aller Zeiten erst auf Platz vier – hinter Newton, Bohr und Galileo. Es stimmt zwar, dass Wissenschaftler mitunter ein Medienecho auslösen, das im Vergleich zu ihrem Erkenntnisbeitrag übertrieben scheint; gerade von Albert Einstein kann man dies allerdings nicht sagen.

Vier kapitale Aufsätze

Innerhalb eines Jahres veröffentlichte Einstein vier Aufsätze mit einer durchschlagenden Wirkung, obwohl er zu jener Zeit gar nicht akademisch tätig war. Für einen der Aufsätze – zum photoelektrischen Effekt – wurde er mit dem Nobelpreis ausgezeichnet. Auch wenn dieser Beitrag wenig aufsehenerregend klingen mag, fiel mit ihm der Startschuss für die Quantenphysik. Ein weiterer Aufsatz beschrieb die Natur der ruckartigen Brownschen Bewegung kleiner Partikel wie Pollen im Wasser und erbrachte den Nachweis für die Existenz der Atome, die damals noch umstritten war. Im dritten Aufsatz legte er die Spezielle Relativitätstheorie dar, während der vierte, darauf aufbauend, das Verhältnis von Masse zu Energie beschrieb – mit der wohl berühmtesten Gleichung der Welt $E = mc^2$. In der Folge trieb Einstein die Quantenphysik voran und erklärte die Schwerkraft mit seiner Allgemeinen Relativitätstheorie.

Einstein schwamm nie mit dem Strom. Er verabscheute Zucht und Ordnung in den deutschen Schulen und gab als Teenager seine deutsche Staatsbürgerschaft

auf. Erst mit 30 Jahren wurde er auf seine erste akademische Position berufen. Und er blieb zeitlebens ein überzeugter Pazifist.

Wie dieses Buch funktioniert

Jedes Thema wird auf einer Seite und in einem Abschnitt mit dem Titel 30-Sekunden-Quantum in kurzer, klarer Form erklärt. Für einen noch knapperen Überblick sorgt das 3-Sekunden-Quäntchen, das das Thema in einem kurzen Satz auf den Punkt bringt. Und schließlich lenkt der 3-Minuten-Gedanke die Aufmerksamkeit des Lesers auf die Konsequenzen einer Theorie oder einen besonders faszinierenden Aspekt. Außerdem beinhaltet jedes Kapitel Informationen zum Leben eines für Einstein wichtigen Kollegen und Pioniers seines Forschungsfeldes wie Minkowski, Bohr oder Bose.

Unsere Tour durch Einsteins Schaffen beginnen wir mit dem Kapitel **Materie**, in dem seine frühen Arbeiten zu Atomen und ihren Eigenschaften, für deren Erklärung er Statistiken zu Hilfe nahm, im Zentrum stehen. Als Nächstes vergegenwärtigen wir uns in **Quantenabenteuer**, was Einstein Grundlegendes zur Quantenphysik beigetragen hat, bevor wir zu seiner **Speziellen Relativitätstheorie** weiterreisen. Wir erfahren, wie ihm die Art, in der die fixe Lichtgeschwindigkeit das Verhältnis von Raum und Zeit verändert, dabei half, die Beziehung zwischen Masse und Energie zu verstehen, die sich hinter Atombomben und der Kernenergie versteckt. Die letztgenannten Themen sind im Kapitel **Einstein & die Welt** vereint, in dem auch sein wenig wahrscheinliches Kühlschrank-Patent beschrieben wird.

Als Nächstes erkunden wir im **Kampf mit dem Quantum**, wie Einstein zeitgenössische Forscher, allen voran Niels Bohr, im Hinblick auf die Thesen der Quantentheorie herausforderte, was zur unabsichtlichen Entdeckung der Quantenverschränkung führte. Dies geschah nach der Veröffentlichung seines Meisterwerks, der **Allgemeinen Relativitätstheorie**, die uns zum neuartigen Verständnis von **Einsteins Universum** geleitet.

Einsteins Werk spannt eine elegante Brücke von der winzigen Welt der Atome und der Quantentheorie zu den Grenzen des Universums.

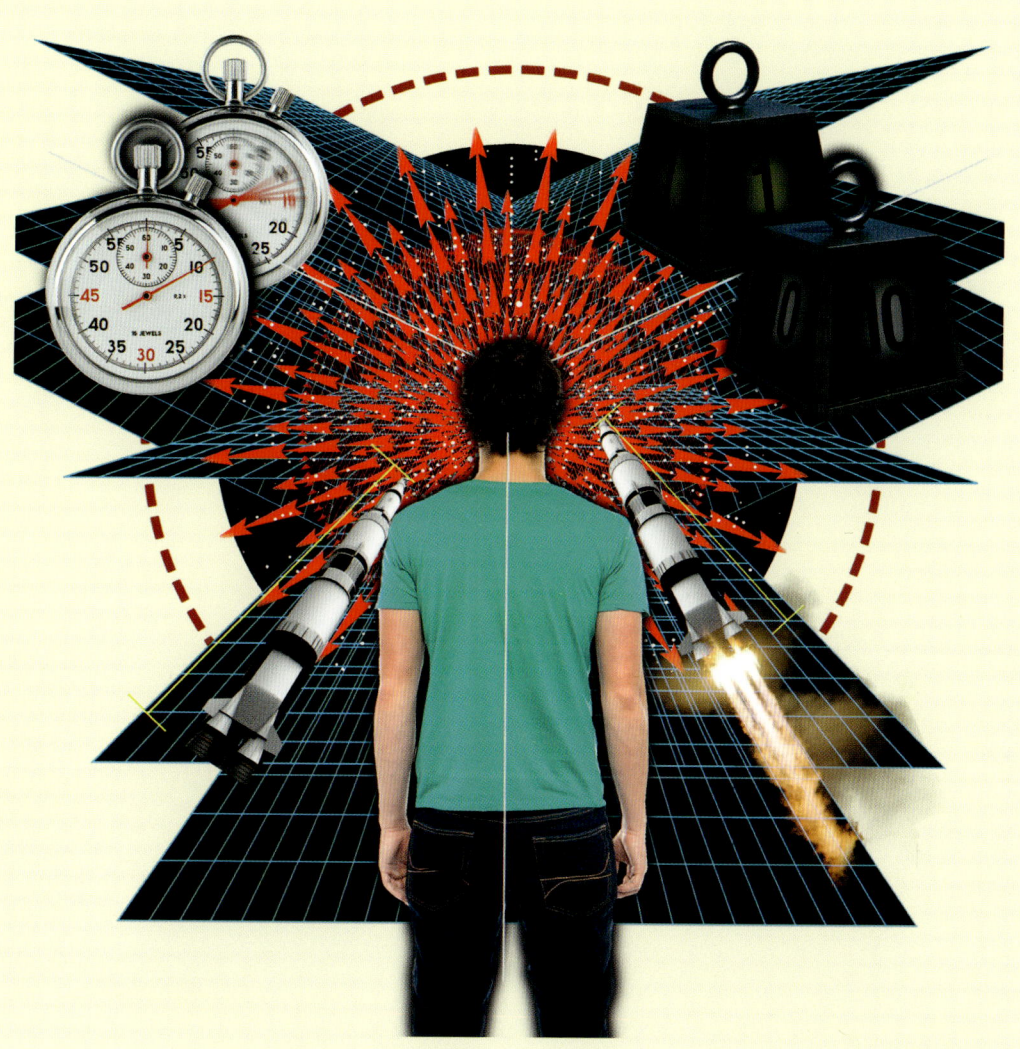

MASSE ◑

Avogadro-Konstante Zahl der Atome oder Moleküle in einem Mol des jeweiligen Stoffes, bezogen auf reinen Kohlenstoff mit zwölf Gramm. Der Wert beträgt etwa $6,022 \times 10^{23}$. Da der italienische Naturwissenschaftler Amedeo Avogadro im 19. Jahrhundert vorgeschlagen hatte, dass sich ein Gasvolumen proportional zur darin enthaltenen Anzahl Atome oder Moleküle verhalte, wurde die Konstante im 20. Jahrhundert nach ihm benannt.

Dulong-Petit-Gesetz Im frühen 19. Jahrhundert entdeckten die französischen Physiker Pierre Dulong und Alexis Petit, dass die Wärmemenge, die benötigt wird, um eine bestimmte Masse eines Festkörpers um 1 °C zu erwärmen, proportional zu seinem Atomgewicht ist, d.h. ein Mol eines Stoffes dazu eine bestimmte Wärmemenge benötigt. Einstein erklärte das Dulong-Petit-Gesetz als Wirkung von Quantenschwingungen.

Ganzzahliger Spin Eine Eigenschaft von Quantenpartikeln ist ihr Eigendrehimpuls (Spin), der Schwung eines sich drehenden Körpers, auch wenn es sich hier nicht um wirkliche Eigendrehung der Partikel handelt. Die Größe des Spins, die Spinquantenzahl, ist stets ein halb- oder ganzzahliges Vielfaches des reduzierten Planckschen Wirkungsquantums $\hbar$: 1/2, 1, 3/2, 2 usw. Dabei besitzen Fermionen (Teilchen wie Elektronen und Quarks) einen halbzahligen (1/2, 3/2, 5/2 usw.) Spin, Bosonen (Kräfte vermittelnde Teilchen wie Photonen oder Gluonen) dagegen einen ganzzahligen.

Kolloidwissenschaft »Kolloid« kommt von dem griechischen Wort für Leim und bezeichnet seine zähflüssige, gallertartige Konsistenz. Meist sind Kolloide unlösliche Partikel, die sich in feinster Verteilung in einem anderen Stoff befinden. Die Kolloidwissenschaft untersucht unter anderem die sogenannte Brownsche Bewegung dieser Partikel.

Konvektionsströme Ist die Temperatur einer Flüssigkeit an verschiedenen Stellen unterschiedlich, führt dies zu einer Bewegung der wärmeren Atome oder Moleküle nach oben, während die kühleren Partikel sich nach unten bewegen, um eine Flüssigkeit mit einer möglichst einheitlichen Temperatur zu erzeugen. Diese als Konvektionsstrom bezeichnete Bewegung ist für zahlreiche Naturphänomene verantwortlich.

Osmotischer Druck Bei der Osmose befinden sich zwei Lösungen mit unterschiedlicher Teilchenkonzentration der gelösten Moleküle zu beiden Seiten einer Membran, die für das Lösungsmittel durchlässig, für den gelösten Stoff aber undurchlässig ist. Als Osmose wird der Vorgang bezeichnet, bei dem das Lösungsmittel so lange von der Seite der geringeren zur Seite der höheren Konzentration fließt, bis auf beiden Seiten die gleiche Konzentration ist. Besonders wichtig ist die Osmose für die Biologie, die sich mit zahlreichen Prozessen beschäftigt, bei denen Lösungsmittel eine semipermeable Membran durchqueren. Als osmotischen Druck bezeichnet man den Druck, der benötigt wird, um den Fluss des Lösungsmittels zu verhindern. Er spiegelt die Kraft des osmotischen Prozesses wider.

Plasmon Ein Quasiteilchen, das in Plasmen oder Metall vorkommt. Plasmen entstehen typischerweise durch Erhitzen eines Gases, wobei einige Elektronen seiner Atome frei werden. Daraus ergibt sich eine Mischung von Elektronen und positiv geladenen Ionen. Die freien Elektronen in Plasmen und Metallen bewegen sich und bilden einen elektrischen Strom. Werden Elektronen durch eine Kraft bewegt, zieht es sie, sobald die Kraft nachlässt, wieder in ihre natürliche Ruheposition zurück. Wie bei einer Feder führt dies zu einer Schwingung, die sich so verhält, als würde sie von Quantenteilchen angeregt. Plasmonen verändern Materialeigenschaften – so wird ein Stoff transparent für Licht, wenn die Frequenz des Lichtes die Schwingungsfrequenz der Plasmonen übersteigt.

Quasiteilchen Einige elementare Anregungen (Schwingungen) in Festkörpern verhalten sich wie Quantenteilchen und bewegen sich durch den entsprechenden Stoff. Obwohl kein wirkliches Teilchen vorhanden ist, verhalten sich Quasiteilchen wie normale Teilchen. Zu den Quasiteilchen gehören akustische Phononen (schallähnliche Quantenschwingungen), Exzitonen (Kombination von Elektron und Loch, das es in einem Halbleiter hinterlässt), Polaritronen (mit einem Photon interagierendes Exziton), Magnonen (kollektiver Anregungszustand von Elektronenspins in einem Kristall, verantwortlich für Permanentmagnetismus) und Plasmonen (siehe linke Spalte).

Vitalismus Der Unterschied zwischen lebendig und nichtlebendig bestand nach einer Überzeugung früherer Jahrhunderte darin, dass das Lebendige von einer Lebenskraft beseelt sei. Diese Überzeugung wird als Vitalismus bezeichnet und diente lange als – wenn auch falsche – Erklärung für die Brownsche Bewegung, bei der Pollen unter dem Mikroskop in einer wässrigen Lösung herumtanzen.

EINE BEQUEME FIKTION

Das 30-Sekunden-Quantum

3-SEKUNDEN-QUÄNTCHEN
Noch 1900 fehlte ein direkter Beweis für die Existenz von Atomen, sodass niemand wusste, ob sie reelle Objekte oder nur eine nützliche Fiktion waren.

3-MINUTEN-GEDANKE
1890 wollte Lord Rayleigh die Größe von Atomen (genauer gesagt Molekülen) schätzen. Dazu goss er einen Tropfen Olivenöl auf eine Wasseroberfläche, in der Annahme, dass der Ölfilm bei seiner maximalen Ausdehnung ein Molekül dick sei. Seine Schätzung von 16×10^{-8} cm entsprach erstaunlicherweise ziemlich genau dem Ergebnis, das Agnes Pockels zwei Jahre später ermittelte, und dem, das heute gilt – ihm fehlte allerdings der direkte Beweis, dass Moleküle und Atome überhaupt existierten.

Die Vorstellung von Atomen als Bestandteilen der Materie geht auf die griechischen Philosophen Leukipp und Demokrit zurück, die sie im 5. Jahrhundert vor Christus begründeten. Einige Forscher wie Isaac Newton und der Schweizer Naturwissenschaftler Daniel Bernoulli betrachteten Atome im 17. bzw. 18. Jahrhundert als winzige, unsichtbare Teilchen, die wirklich existierten. Andere hielten sie für eine hilfreiche Fiktion: Sie waren nützlich, um Naturphänomene zu untersuchen, aber nicht Teil der Realität. Zum Ende des 19. Jahrhunderts waren schon viele Forscher von der Existenz der Atome überzeugt. Aber noch fehlte ihnen der Beweis – es war eine Arbeitshypothese. Als Ludwig Boltzmann in den 1870er- bis 1890er-Jahren für seine kinetische Gastheorie annahm, dass Gase Ansammlungen herumschwirrender Atome seien, stieß er damit auf den entschiedenen Widerstand der Atom-Skeptiker wie Wilhelm Ostwald und Ernst Mach, die Energie für den Grundstoff hielten und der Ansicht waren, dass die Wissenschaft keine Konzepte akzeptieren sollte, die nicht direkt wahrnehmbar seien. Boltzmann war entmutigt und wissenschaftlich marginalisiert. Nach Einsteins Biograf Abraham Pais ist es nur schwer vorstellbar, dass Boltzmann in dieser Situation den gebotenen Ernst und die spielerische Fantasie entwickelt hätte, mit denen Einstein das Problem der molekularen Realität anging. Einstein war genau der Richtige, um die Idee weiterzuverfolgen.

VERWANDTE THEMEN
DIE BESTIMMUNG MOLEKULARER DIMENSIONEN
Seite 16

DIE ERKLÄRUNG DER BROWNSCHEN BEWEGUNG
Seite 20

PERRINS TEILCHEN
Seite 24

3-SEKUNDEN-BIOGRAFIEN
DEMOKRIT
ca. 460–ca. 370 v. Chr.
Griechischer Philosoph, der als »Vater der Atome« gilt

JOHN DALTON
1766–1844
Englischer Chemiker, der 1803 eine moderne Atomtheorie präsentierte

ERNST MACH
1838–1916
Österreichischer Physiker und Skeptiker der Atomtheorie Anfang des 20. Jahrhunderts

30-SEKUNDEN-TEXT
Philip Ball

John Dalton erklärte das Verhalten chemischer Elemente mit dem alten Konzept der Atome.

DIE BESTIMMUNG MOLEKULARER DIMENSIONEN

Das 30-Sekunden-Quantum

VERWANDTE THEMEN
EINE BEQUEME FIKTION
Seite 14

AUSFLUG IN DIE STATISTISCHE
MECHANIK
Seite 18

3-SEKUNDEN-BIOGRAFIEN
ALFRED KLEINER
1849–1916
Schweizer Experimental-
physiker, der als Doktorvater
einsprang, nachdem Einstein
sich mit Heinrich Weber über-
worfen hatte

WILLIAM SUTHERLAND
1859–1911
Schottisch-australischer Physiker, der zu seiner Zeit als größ-
ter Experte in Molekularphysik
galt und 1905 eine Methode zur
Schätzung von Molekülmassen
formulierte, die derjenigen
Einsteins glich

30-SEKUNDEN-TEXT
Philip Ball

3-SEKUNDEN-QUÄNTCHEN
Einstein beschrieb in seiner
Dissertation an der Uni-
versität Zürich von 1905
eine neue Methode, um
die Größe von Molekülen
zu bestimmen, und liefer-
te damit einen indirek-
ten Beweis für ihre Existenz.

3-MINUTEN-GEDANKE
Mit dem Wert, den Einstein
in seiner Dissertation für
die Größe eines Zuckermo-
leküls angab (ein Nano-
meter), kam er dem tat-
sächlichen ziemlich nahe.
Dagegen lag er mit
$2,1 \times 10^{-23}$ bei der Avogadro-Konstante um zwei
Drittel zu tief. Mitver-
ursacht wurde diese Ab-
weichung durch einen Feh-
ler in seinen Berechnungen,
den sein Student Ludwig
Hopf 1911 nachwies. Ein-
stein wiederholte die Be-
rechnung und kam auf
einen Wert, der weit näher
beim heute gültigen liegt.
Wie man sehen kann, un-
terliefen auch Einstein hin
und wieder Fehler.

Zu Beginn seiner wissenschaft-
lichen Karriere hätte man Einstein fälschlicherweise
für einen Chemiker halten können. Ein wesentlicher
Teil seines Interesses galt Atomen und Molekülen:
Wie groß sind sie? Welche Kräfte wirken zwischen
ihnen? Wie bewegen sie sich in Festkörpern, Flüssigkeiten und Gasen? Einsteins erste Dissertation, die er
1901 an der Universität Zürich einreichte, ist verloren
gegangen, und man kennt ihren Inhalt nur sehr vage.
Vermutlich behandelte sie molekulare Kräfte. Einstein
zog sie 1902 aus ungeklärten Gründen zurück und
reichte im Juli 1905 eine neue Arbeit zu einem selbst
gewählten Thema ein. Erneut zu den Molekülen,
genauer gesagt zur Bestimmung ihrer Größe und
Anzahl in einem Mol, dem universellen Maß für die
Stoffmenge der Chemiker – zur Avogadro-Konstante.
Seine Methode war neu und ungewöhnlich, da er auf
Theorien zur Bewegung von Flüssigkeiten (Hydro-
dynamik) und von Lösungen sowie zum osmotischen
Druck aufbaute. Dazu kamen einige theoretische Aspekte der Diffusion, den zufälligen, wärmebedingten
Bewegungen von Molekülen und kleinen Teilchen, die
in seinem Werk zur Brownschen Bewegung erneut
auftauchten. Die Dissertation, die Einstein auch als
Beitrag in den *Annalen der Physik* im selben Jahr veröffentlichte, war rein theoretischer Natur, was riskant
war, weil sich die theoretische Physik als Disziplin
noch nicht etabliert hatte. Sie wurde im August 1905
angenommen.

*In seiner Dissertation
sagte Einstein auf-
grund des Verhaltens
von Flüssigkeiten die
Dimensionen von
Molekülen voraus.*

AUSFLUG IN DIE STATISTISCHE MECHANIK

Das 30-Sekunden-Quantum

3-SEKUNDEN-QUÄNTCHEN
Einsteins frühestes Werk untersuchte die Beziehung zwischen den zu beobachtenden thermodynamischen Eigenschaften von Materie und der Statistik der zugrunde liegenden molekularen Wechselwirkungen sowie der molekularen Wärmetheorie.

3-MINUTEN-GEDANKE
Die statistische Mechanik ist wohl von fundamentalerer Bedeutung für die Physik als die Relativitäts- oder Quantentheorie, denn ihre Konzepte wie die Phasenübergänge oder die kritischen Punkte finden in zahlreichen Gebieten Anwendung – von der Kernphysik bis zu Supraleitern, der Polymerphysik oder der Gruppensimulation. Im Grunde genommen beziehen sich diese Konzepte auf die Art, wie aus der Wechselwirkung vieler Einzelkomponenten kollektives Verhalten entsteht.

Einsteins Beiträge zum Verständnis von Materie stehen oft im Schatten seiner Arbeiten zur Relativität und den Grundlagen der Quantenphysik, obwohl sie für sich allein als herausragende wissenschaftliche Errungenschaft gelten dürfen. Bei seinen frühen Arbeiten stützte sich Einstein nicht selten auf die Werke von James Clerk Maxwell und Ludwig Boltzmann, die die Volumeneigenschaften von Festkörpern, Gasen und Flüssigkeiten anhand der Bewegungen und Wechselwirkungen zwischen ihren atomaren und molekularen Bestandteilen erklärt hatten. Das war eine hervorragende Statistikübung: Er musste erklären, wie das reguläre Verhalten von Molekülen bestimmte Phänomene wie Druck, Dichte und die daraus resultierende Thermodynamik erzeugt. Es zeigte sich, dass die Mechanik auch für die nach damaligem Wissensstand aller Materie zugrunde liegenden Teilchen galt. 1902–1904 veröffentlichte Einstein drei Aufsätze, die dieser statistischen Mechanik ein solideres Fundament verleihen sollten. Später vereinte er diesen Ansatz mit der von Max Planck eingeführten quantenphysikalischen Sichtweise der Molekülschwingungen, um die Wärmekapazität von Festkörpern, d. h. ihre Fähigkeit zur Wärmeaufnahme, zu beschreiben. Dies war bereits zuvor im Dulong-Petit-Gesetz empirisch formuliert worden, das Einstein mit seiner Analyse der Quantenschwingungen 1907 in ein einfaches Modell fasste.

VERWANDTE THEMEN
DIE BESTIMMUNG MOLEKULARER DIMENSIONEN
Seite 16

DIE ERKLÄRUNG DER BROWNSCHEN BEWEGUNG
Seite 20

QUANTENSCHWINGUNGEN
Seite 40

3-SEKUNDEN-BIOGRAFIEN
JOSIAH WILLARD GIBBS
1839–1903
Amerikanischer Physikochemiker, der als Begründer der klassischen statistischen Mechanik gilt

LUDWIG BOLTZMANN
1844–1906
Österreichischer Physiker und Pionier der Theorie der mikroskopischen Eigenschaften der Materie auf der Grundlage der Atomhypothese

30-SEKUNDEN-TEXT
Philip Ball

Mithilfe der Statistik deutete Einstein das Verhalten von Materie als kombinierte Aktion unzähliger Atome oder Moleküle.

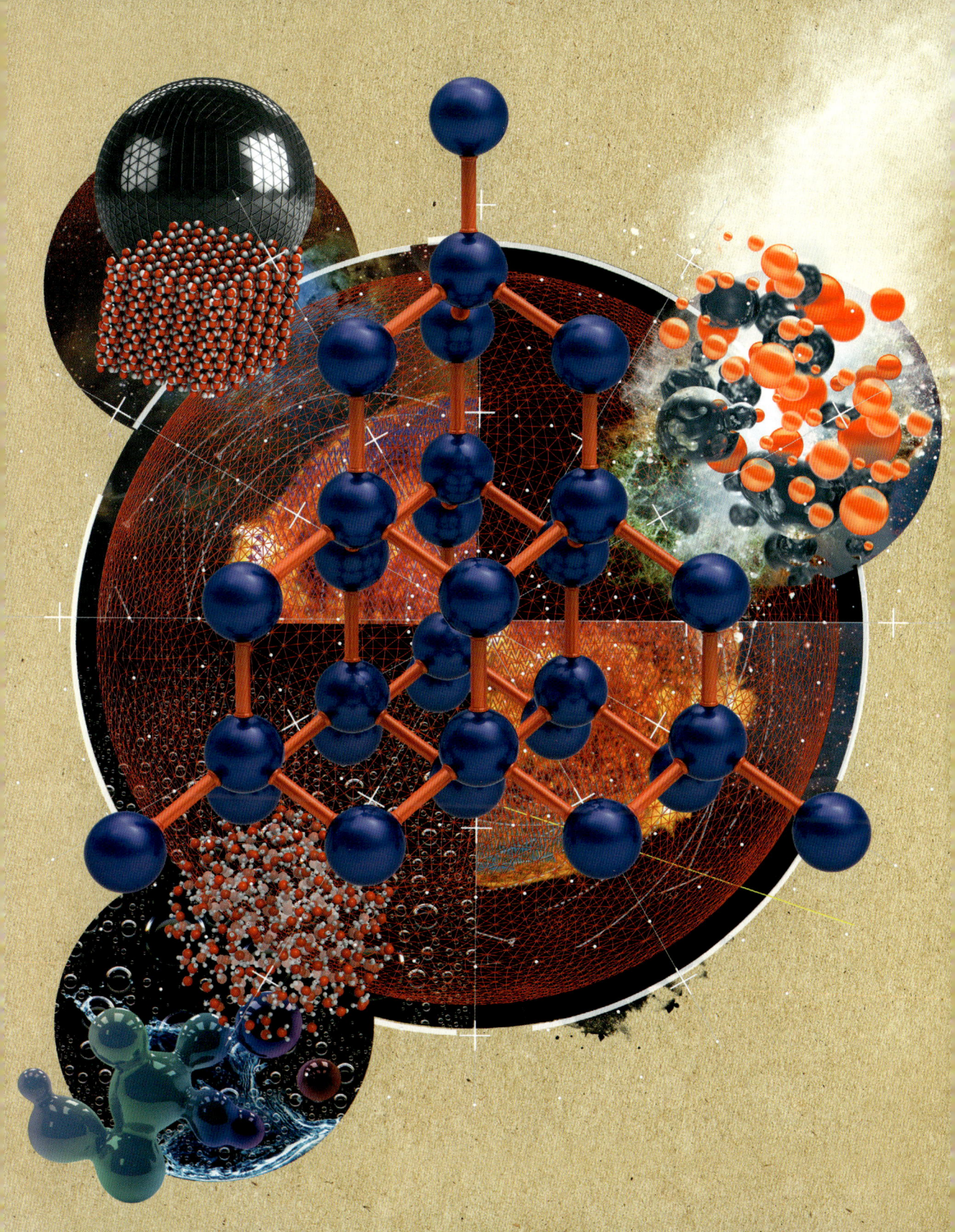

DIE ERKLÄRUNG DER BROWNSCHEN BEWEGUNG

Das 30-Sekunden-Quantum

3-SEKUNDEN-QUÄNTCHEN
Einstein erklärte die zufällige Brownsche Bewegung kleiner, in Wasser aufgeschlämmter Teilchen als deren Kollision mit den sie umgebenden Wassermolekülen.

3-MINUTEN-GEDANKE
Brownsche Bewegung ist typisch für einen Random Walk (Zufallsbewegung) – einen Pfad, der aus Schritten in zufälliger Richtung besteht. Der französische Physiker Louis Bachelier stellte 1900, fünf Jahre vor Einsteins wegweisendem Aufsatz, die These auf, dass Kursbewegungen an der Börse einen Random Walk beschreiben. Seine mathematische Behandlung wirtschaftlicher Fluktuationen hat eine gewisse Ähnlichkeit mit Einsteins Arbeiten; er gilt als Begründer der »Ökonophysik«, die wirtschaftliche Zusammenhänge mithilfe physikalischer Konzepte erklärt.

Als 1828 der Botaniker Robert Brown unter dem Mikroskop sah, dass Pollenkörner im Wasser wild herumtanzen, glaubte er erst, er habe die grundlegende Lebenskraft entdeckt, die in der althergebrachten Idee des Vitalismus so zentral war. Später fand er allerdings heraus, dass auch leblose Körner sich in derselben Weise verhielten. Somit konnte der Tanz nichts mit dem Lebendigsein zu tun haben. Worin also lag die Ursache? Konvektionsströmungen, Verdunstung, elektrische Kräfte: Sie waren im Laufe des 19. Jahrhunderts alle in Betracht gezogen und als Ursachen verworfen worden. 1905 lieferte dann Einstein die erste überzeugende Erklärung. Bei so kleinen Teilchen, behauptete er, finden Zusammenstöße mit benachbarten Molekülen des Lösungsmittels, die einer zufälligen thermischen Bewegung unterliegen, nicht gleichmäßig statt, und die Teilchen werden in alle möglichen Richtungen abgelenkt. Einsteins Aufsatz, der auf der Theorie aufbaute, nach der Wärme mit zufälliger Molekularbewegung verbunden ist, darf als erste gründliche Abhandlung zur Diffusion einer Flüssigkeit gelten. Er schloss mit dem Hinweis, man könne die Größe eines Moleküls annähernd berechnen, wenn man die durchschnittliche örtliche Verschiebung eines Korns über einen bestimmten Zeitraum messe. Falls seine Thesen jedoch falsch wären, würde die ganze molekulare Wärmetheorie in Frage gestellt.

VERWANDTE THEMEN
EINE BEQUEME FIKTION
Seite 14

PERRINS TEILCHEN
Seite 24

3-SEKUNDEN-BIOGRAFIEN
ROBERT BROWN
1773–1858
Schottischer Botaniker, der bei seinen Pflanzen- und Zellstudien die sprunghaften Bewegungen von Teilchen in Flüssigkeiten beobachtete

LOUIS GEORGES GOUY
1854–1926
Französischer Physiker, der die Brownsche Bewegung experimentell beobachtete, was von Einstein 1906 als partielle Bestätigung seiner Theorie angeführt wurde

30-SEKUNDEN-TEXT
Philip Ball

Der wirre Tanz der Moleküle in einer Flüssigkeit ist für die Bewegung sichtbarer Partikel in der Flüssigkeit verantwortlich.

1. Januar 1894
Geburt in Kalkutta, Indien

1913
Bachelor in angewandter Mathematik am *Presidency College*, Kalkutta

1915
Master in angewandter Mathematik am *Presidency College*

1915
Heirat mit Ushabati Ghosh; sie hatten neun Kinder, von denen zwei früh verstarben

1916
Forschungsstipendium an der *University of Calcutta*

1919
Erste Übersetzung von Einsteins Aufsätzen zur Speziellen und Allgemeinen Relativitätstheorie aus dem Deutschen ins Englische

1921
Dozent am Institut für Physik der *University of Dhaka*

1924
Ableitung des Planckschen Strahlungsgesetzes, wobei er die Photonen als eine Ansammlung identischer Teilchen betrachtete

1924
Zweijähriger Aufenthalt in Europa zur Forschungsarbeit in Röntgen- und Kristallografielabors

1926
Rückkehr und Professur in Dhaka, Leitung des Instituts für Physik

1945
Rückkehr nach Kalkutta angesichts der drohenden Teilung Indiens

1956
Emeritierter Professor an der *University of Calcutta*

1956
Vizekanzler der *Visva-Bharati University* in Shanti Niketan

1958
Rückkehr an die *University of Calcutta* zu Forschungszwecken

4. Februar 1974
Tod im Alter von 80 Jahren in Kalkutta

SATYENDRANATH BOSE

Satyendranath Bose wurde in Kalkutta als ältestes von sieben Kindern und einziger Sohn geboren. Seine Familie zog darauf nach Goabagan, wo er erst die *New Indian School* und dann die prestigeträchtige *Hindu School* besuchte. Bose bestand die Aufnahmeprüfungen des *Presidency College* in Kalkutta als Fünftbester und studierte dort interdisziplinäre Wissenschaften mit Schwerpunkt angewandte Mathematik. Nach dem Bachelor (1913) erlangte er 1915 auch den *Master of Science*, beide in angewandter Mathematik und als bester Absolvent. Aufgrund seiner herausragenden Leistungen erhielt er 1916 ein Forschungsstipendium an der *University of Calcutta*. Sein Hauptinteresse galt den beiden aufkommenden Forschungsbereichen Quantenmechanik und Relativität. 1919 veröffentlichte er die erste englischsprachige Übersetzung einiger Aufsätze Einsteins aus dem Deutschen. 1921 wurde er Lektor an der Abteilung für Physik der *University of Dhaka* (heute Bangladesch) und 1924 leitete er das Plancksche Strahlungsgesetz her, indem er unter der Annahme, Photonen seien ununterscheidbare (identische) Teilchen, eine neue statistische Methode zu ihrer Beschreibung entwickelte. Da keine wissenschaftliche Zeitschrift seinen Beitrag publizieren wollte, sandte er ihn an Einstein, der seine Bedeutung sofort erkannte. Er übersetzte ihn ins Deutsche und veranlasste seine Veröffentlichung in der *Zeitschrift für Physik*. Mit Einsteins Unterstützung konnte Bose einen zweijährigen Forschungsaufenthalt in Europa absolvieren, wo er mit einigen der größten Physiker jener Zeit wie Marie Curie und Louis de Broglie zusammenarbeitete.

1926 kehrte er nach Dhaka zurück und wurde auf Einsteins nachdrückliche Empfehlung trotz fehlender Promotion zum Professor und wenig später auch zum Institutsdirektor berufen. Er blieb bis kurz vor der Teilung Indiens in Dhaka und verließ dann das spätere Bangladesch, um nach Kalkutta zurückzukehren. Er lehrte bis zu seiner Emeritierung im Jahre 1956 an der *University of Calcutta*. Schon bald aber ließ er sich zu einer Rückkehr in die akademische Welt überzeugen und bekleidete das Amt des Vizekanzlers der *Visva-Bharati University* in Shanti Niketan in Westbengalen. Nach zwei Jahren kehrte er erneut nach Kalkutta zurück und forschte und arbeitete dort bis zu seinem Tod 1974 im Alter von 80 Jahren.

Rhodri Evans

PERRINS TEILCHEN
Das 30-Sekunden-Quantum

Einstein schloss 1905 seinen Aufsatz zur Brownschen Bewegung kleiner Teilchen mit einer These zu ihrer Geschwindigkeit. Für ein Korn mit einem Durchmesser von einem Mikrometer (Tausendstelmillimeter) seien es bei Raumtemperatur etwa sechs Mikrometer pro Minute. »Möge es bald einem Forscher gelingen, die hier aufgeworfene, für die Theorie der Wärme wichtige Frage zu entscheiden«, schloss Einstein. Dies aber war eine immense Herausforderung und setzte sorgfältigste Beobachtungen unter dem Mikroskop voraus. Glücklicherweise gab es die erforderlichen Geräte bereits. 1902 beschrieb Richard Zsigmondy, zuvor für die Glaswerke Schott tätig, ein neuartiges Ultramikroskop, das starke Lichtstrahlen auf eine Probe fokussierte, sodass man die Brownsche Bewegung tatsächlich beobachten konnte. 1906 versuchten bereits mehrere Forscher mithilfe des Ultramikroskops, Einsteins Theorie zu verifizieren. Der größte Erfolg war dabei dem Franzosen Jean-Baptiste Perrin beschieden, der an der Sorbonne forschte. Seine 1908 vorgenommenen Messungen der Bewegungen von Körnern des Farbstoffs Gummigutta mit genau vorgegebener Korngröße bestätigten Einsteins These. Einstein war hocherfreut, denn er hatte nicht erwartet, dass die entsprechenden Experimente schon so bald die erforderliche Genauigkeit besäßen. Perrin wurde 1926 mit dem Nobelpreis für Physik ausgezeichnet – ein Jahr nach Zsigmondy für seine Erfindung mit dem Nobelpreis für Chemie.

3-SEKUNDEN-QUÄNTCHEN
1908 beobachtete und maß Jean-Baptiste Perrin die Brownsche Bewegung kleiner Teilchen unter dem Mikroskop, und konnte so Einsteins Thesen bestätigen.

3-MINUTEN-GEDANKE
Brownsche Teilchen werden in der Kolloidwissenschaft untersucht, die sich mit kolloidalen Lösungen beschäftigt. Dies sind heterogene Stoffgemische aus »mittelgroßen«, meist unter dem Mikroskop sichtbaren Teilchen und einer anderen Substanz, etwa einer Emulsion aus Öl und Wasser. Nach Thomas Graham, einem schottischen Chemiker des 19. Jahrhunderts benannt und von Michael Faraday und John Tyndall weiter erforscht, gelang so der erste Nachweis eines »mesoskopischen« Übergangsbereichs zwischen einer molekularen und einer makroskopischen Welt.

VERWANDTE THEMEN
EINE BEQUEME FIKTION
Seite 14

DIE ERKLÄRUNG DER
BROWNSCHEN BEWEGUNG
Seite 20

3-SEKUNDEN-BIOGRAFIEN
RICHARD ZSIGMONDY
1865–1929
Österreichischer Wissenschaftler, mit dessen Ultramikroskop Einsteins Theorie der Brownschen Bewegung verifiziert werden konnte

MARIAN SMOLUCHOWSKI
1872–1917
Polnisch-österreichischer Forscher, der unabhängig von Einstein eine Theorie der Brownschen Bewegung ausarbeitete

---

30-SEKUNDEN-TEXT
Philip Ball

Einsteins Thesen zur Brownschen Bewegung wurden schon nach drei Jahren durch Jean Perrins Messungen mit einem Präzisionsmikroskop bestätigt.

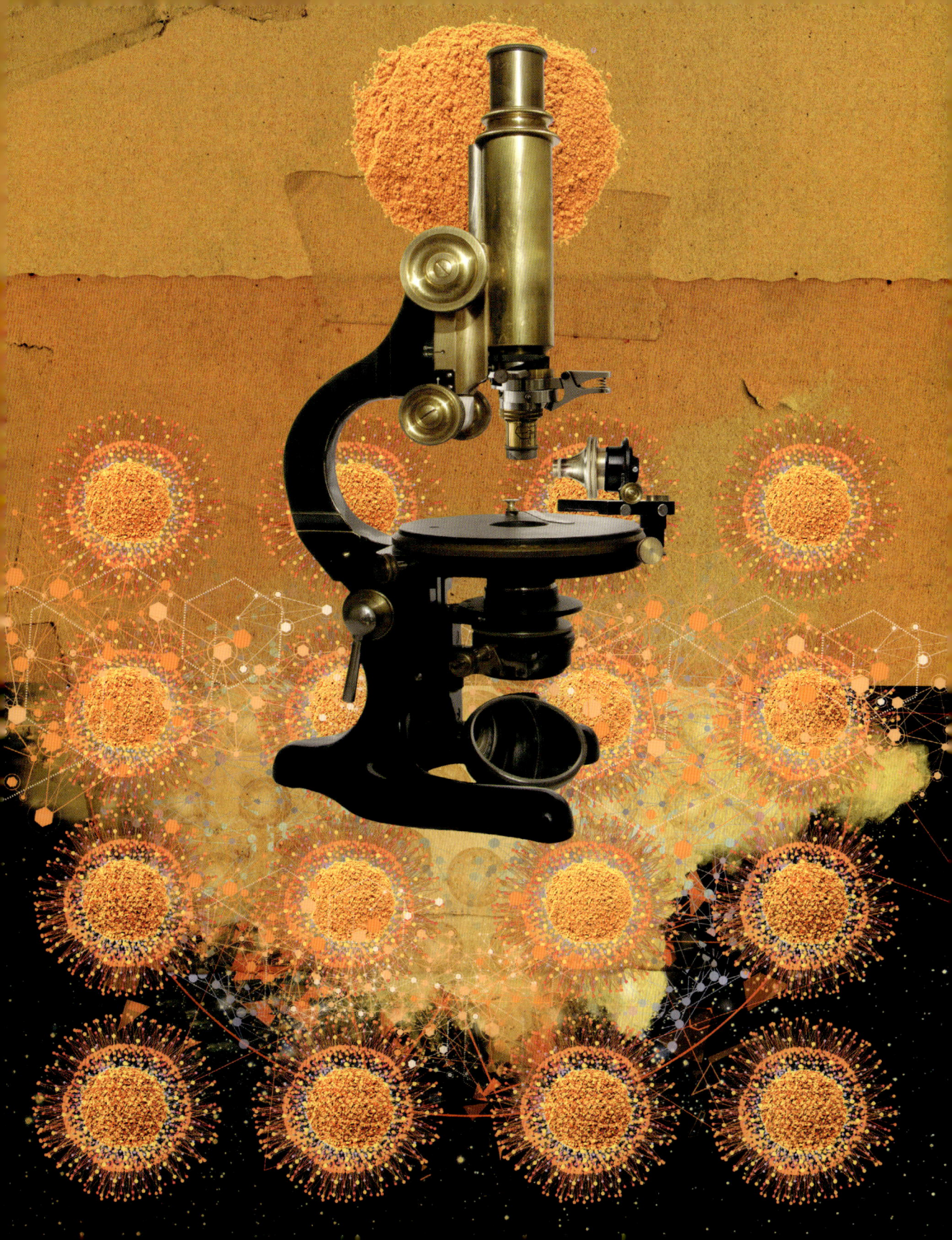

BOSE-EINSTEIN-STATISTIK

Das 30-Sekunden-Quantum

1924 sandte der indische Mathe-matiker Satyendranath Bose einen Aufsatz an Einstein, den zuvor schon mehrere wissenschaftliche Zeitschriften abgelehnt hatten. Er beschrieb darin eine neuartige Zählung von ununterscheidbaren (identischen) Teilchen wie Photonen. Einstein, der die Tragweite des Aufsatzes sofort erkannte, übersetzte ihn ins Deutsche und veranlasste seine Veröffentlichung. Diese Art der Zählung ununterscheidbarer Teilchen wird deshalb heute als Bose-Einstein-Statistik bezeichnet. Wirft man zwei unterschiedliche Münzen, ergeben sich vier mögliche Ergebnisse: Kopf-Kopf (KK), Kopf-Zahl (KZ), Zahl-Kopf (ZK) und Zahl-Zahl (ZZ). Somit beträgt die Wahrscheinlichkeit jedes Ergebnisses ein Viertel. Sind aber die beiden Münzen gleich, können wir nicht zwischen (KZ) und (ZK) unterscheiden und die möglichen Ergebnisse beschränken sich auf (ZZ), (ZK) und (KK), während die Wahrscheinlichkeit, beispielsweise zwei Köpfe zu werfen, auf ein Drittel ansteigt. Bose zeigte auf, dass ununterscheidbare Teilchen wie Photonen in der Physik einer ähnlichen Statistik folgen. Ihm zu Ehren nennt man sie heute »Bosonen«. Teilchen, die dieser Statistik nicht folgen, etwa diejenigen, aus denen Materie besteht, werden als Fermionen bezeichnet. Im Gegensatz zu Bosonen können sie nicht gleichzeitig am selben Ort einen identischen Quantenzustand annehmen und sind deshalb unterscheidbar.

3-SEKUNDEN-QUÄNTCHEN
Nicht differenzierbare Teilchen, sogenannte Bosonen, folgen einer anderen Statistik als Teilchen, die wir nach Ort und Quantenzustand voneinander unterscheiden können.

3-MINUTEN-GEDANKE
Die Evolution zahlreicher komplexer Systeme, beispielsweise größerer Unternehmen, folgt der Bose-Einstein-Statistik. Diese sagt die Entwicklung von Prozessen wie dem Winner-takes-all-Phänomen vorher, das in wettbewerbsorientierten Systemen oft zu beobachten ist.

VERWANDTE THEMEN
SATYENDRANATH BOSE
Seite 22

BOSE-EINSTEIN-KONDENSATE
Seite 28

3-SEKUNDEN-BIOGRAFIEN
JAMES CLERK MAXWELL
1831–1879
Schottischer Physiker, der mit der Verteilung der Geschwindigkeiten von Teilchen in Gasen die erste statistische Theorie formulierte

SATYENDRANATH BOSE
1894–1974
Indischer Mathematiker, der als Erster die Statistik ununterscheidbarer Teilchen untersuchte

ERIC CORNELL
geb. 1961
Amerikanischer Physiker, der das erste Bose-Einstein-Kondensat miterzeugte

30-SEKUNDEN-TEXT
Rhodri Evans

Ob zwei Teilchen (oder Münzen) unterscheidbar sind oder nicht, spielt für die Statistik ihres Verhaltens eine Rolle.

BOSE-EINSTEIN-KONDENSATE
Das 30-Sekunden-Quantum

3-SEKUNDEN-QUÄNTCHEN
Das Bose-Einstein-Kondensat ist ein Aggregatzustand, bei dem Teilchen verschmelzen, denselben Quantenzustand teilen und sich wie ein einziges großes Teilchen verhalten.

3-MINUTEN-GEDANKE
Bose-Einstein-Kondensate können aus Störungen oder Anregungen in Materie ebenso wie aus Atomen und Teilchen erzeugt werden. Diese Anregungen verhalten sich bosonähnlich und werden auch als Quasiteilchen bezeichnet. Dazu gehören Exzitonen in Halbleitern, Plasmonen in Plasmen und Magnonen in Kristallen. Ein weiteres Beispiel ist das Polariton, das ein Photon Licht mit einem Exziton koppelt. 2013 wurde aus Polaritonen in feinsten Nanokabeln bei Raumtemperatur ein Bose-Einstein-Kondensat erzeugt.

Einige Forscher bezeichnen das

Bose-Einstein-Kondensat (BEK) als fünften Aggregatzustand der Materie neben fest, flüssig, gasförmig und Plasma. Dabei kondensieren einzelne Atome oder subatomare Teilchen und teilen einen einzigen niederenergetischen Quantenzustand. Bose-Einstein-Kondensate werden aus Bosonen, subatomaren Teilchen mit ganzzahligem Spin, erzeugt, die den Regeln der Bose-Einstein-Statistik folgen und alle zugleich denselben Quantenzustand annehmen können. Solche Kondensate lassen sich auch aus bestimmten Atomen erzeugen, bei denen die summierte Spinquantenzahl ihrer Teilchen wie beim Boson ganzzahlig ist. Bei äußerst niedrigen Temperaturen oder unter extremem Druck verhalten sie sich wie Bosonen. Bose und Einstein sagten die Existenz dieses Phänomens 1924 vorher. Sie schlossen, dass ein Gas aus nicht interagierenden bosonenähnlichen Atomen, auf eine ausreichend niedrige Temperatur abgekühlt, zu einem Stoff kondensieren würde, in dem sämtliche enthaltenen Atome denselben niedrigsten Quantenzustand teilten. Das erste Bose-Einstein-Kondensat wurde jedoch erst 1995 von zwei Physikerteams erzeugt, die Atome – im einen Fall Natrium, im anderen Iridium – bis nahe an den absoluten Nullpunkt (−273,15 °C) abkühlten. 2013 wurde ein Bose-Einstein-Kondensat bei Raumtemperatur in Nanokabeln erzeugt.

VERWANDTE THEMEN
SATYENDRANATH BOSE
Seite 22

BOSE-EINSTEIN-STATISTIK
Seite 26

3-SEKUNDEN-BIOGRAFIEN
WILLIAM DANIEL PHILLIPS
geb. 1948
Amerikanischer Physiker und Nobelpreisträger, der Laserkühlungstechniken entwickelte, die die Bose-Einstein-Kondensation ermöglichten

ERIC CORNELL, CARL WIEMAN
& WOLFGANG KETTERLE
geb. 1961, 1951, 1957
Zwei amerikanische und ein deutscher Physiker, die 2001 für die erstmalige Erzeugung eines Bose-Einstein-Kondensats (1995) mit dem Nobelpreis ausgezeichnet wurden

30-SEKUNDEN-TEXT
Leon Clifford

In einem BEK befinden sich Teilchen im selben niedrigen Energiezustand und bewegen sich von weit verteilten Zuständen (links) zu einer klar erkennbaren Spitze (Mitte und rechts).

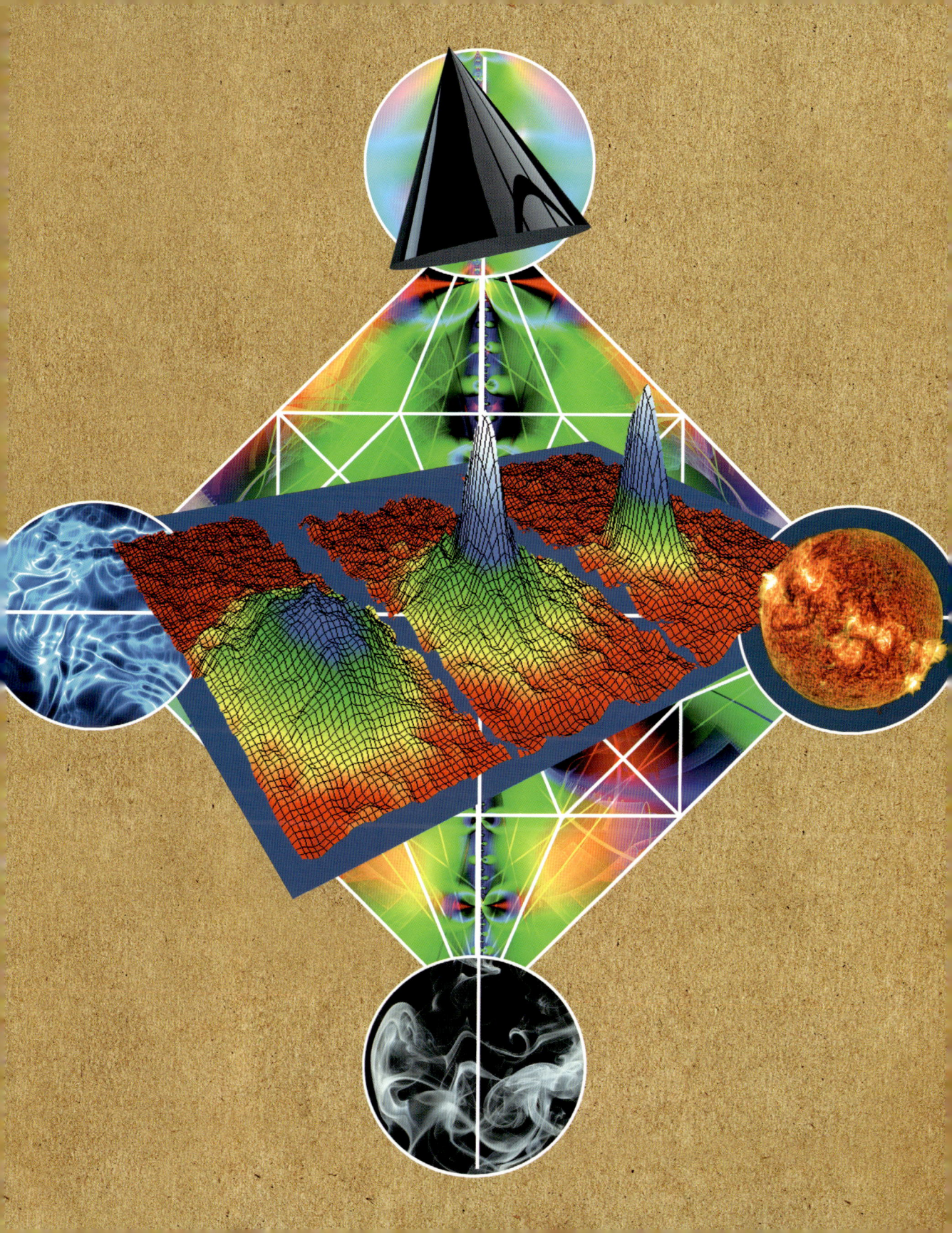

QUANTENABENTEUER ◑

Halbleiter Leitet Elektrizität besser als Nichtleiter wie Glas und schlechter als die meisten Metalle. Typische Vertreter sind Silizium und Germanium. Meist befinden sich in einem Halbleiter die Elektronen in einem Kristallgitter. Bei Anregung – in der Regel durch einfallendes Licht oder einen elektrischen Strom – werden sie jedoch aus dem Gitter geworfen und hinterlassen ein Defektelektron, »Loch« genannt, das sich wie ein positiv geladenes Teilchen verhält. Das freie Elektron bewegt sich zur leitenden Schicht, wo es sich frei bewegen und als Ladungsträger einen Strom leiten kann. Halbleiter sind oft »dotiert«: Unreinheiten werden dem Gitter zugefügt, um die Empfindlichkeit des Halbleiters zu vergrößern.

Körnigkeit der Quantenwelt Dieser Begriff wird verwendet, um der Tatsache Rechnung zu tragen, dass zahlreiche physikalische Erscheinungen in Teilchen daherkommen und nicht kontinuierlich sind. Dabei nimmt »Körnigkeit« auf die vordigitale Fotografie Bezug, als die Erkennbarkeit von Details auf Fotos von der Korngröße des Films abhing.

Photoelektrischer Effekt Wenn Licht auf einige Metalle oder Halbleiter fällt, wird die Lichtenergie von Elektronen im betreffenden Stoff absorbiert. Die Elektronen werden von ihren Atomen wegbefördert, sodass sie leichter einen elektrischen Strom bilden können. Dies bezeichnet man als photoelektrischen Effekt. Er benötigt Photonen mit einem bestimmten Energieniveau (Farbe oder Frequenz). Hat das Licht eine zu niedrige Frequenz, kann es die Elektronen nicht zu Energie transformieren, denn die Energieniveaus sind quantisiert: Sie können nicht jeden beliebigen Wert annehmen, sondern benötigen einen »Quantensprung«. Einstein erklärte den äußeren photoelektrischen Effekt im Rahmen seiner frühen Überlegungen zu Quanten.

Planck-Länge Je kleiner der untersuchte Abstand, desto stärker beeinflussen ihn Quanteneffekte. So machen Quanteneffekte die Messung eines extrem kurzen Abstands unmöglich. Dies tritt in etwa bei der Planck-Länge, sprich bei $1{,}616 \times 10^{-35}$ Metern ein. Der Wert der Planck-Länge als Längenmaß wurde allein aus grundlegenden Naturkonstanten abgeleitet. Sie ist die Quadratwurzel des reduzierten Planckschen Wirkungsquantums, des Verhältnisses der Energie und Frequenz eines Photons, multipliziert mit der Gravitationskonstante und dividiert durch die Lichtgeschwindigkeit hoch drei.

Plancksches Wirkungsquantum Eine grundlegende Konstante (deshalb auch als Planck-Konstante bezeichnet) der Physik mit einem Wert von ca. $6{,}626 \times 10^{-34}$ Joulesekunden. Das Plancksche Wirkungsquantum ist das Verhältnis der Energie eines Photons zu seiner Frequenz. Das Symbol für die Planck-Konstante ist h. Außerdem gibt es auch ein reduziertes Plancksches Wirkungsquantum ($\hbar$), das $h/2\pi$ entspricht und in Fällen von Nutzen ist, in denen die Lichtfrequenz als wiederholte Drehung repräsentiert wird.

Quantenwelt Gegensatz zur »klassischen Welt«. Bis ins frühe 20. Jahrhundert war man der Ansicht, dass die meisten physikalischen Phänomene beständig veränderlich seien. In dieser »klassischen« Welt ließ sich jede auch noch so kleine Länge messen, und die Energie des Lichts konnte jeden möglichen Wert annehmen. Mit dem Aufkommen der Quantenphysik jedoch erkannten die Forscher, dass vieles in der Welt quantisiert (gequantelt) ist – es kommt stückweise daher. So sind wir heute der Ansicht, dass Distanzen unterhalb der Planck-Länge nicht gemessen werden können und das Licht in Energiepaketen auftritt. Wir leben in einer Quantenwelt.

Schwarzer Körper/ Hohlraumstrahlung Ein schwarzer Körper ist nicht schwarz, sondern glimmt. Er ist ein theoretisches Objekt, das alles Licht der Umgebung aufnimmt, egal welcher Frequenz oder Richtung, aber auch selbst Licht in allen Frequenzen ausstrahlt. Diese Strahlung mit sehr spezifischen Eigenschaften nennt man Hohlraumstrahlung. Die Verteilung der Strahldichte ist bei einer bestimmten Temperatur stets dieselbe. Es gibt zwar zahlreiche Objekte, die sich, wenn sie vor Hitze glühen, wie schwarze Körper verhalten, die beste Annäherung an einen schwarzen Körper ist jedoch ein massiver Block mit einem Hohlraum und einem kleinen Loch, durch das die Strahlung abgegeben wird. Max Planck sah sich bei seinem Versuch, die Verteilung der Hohlraumstrahlung zu erklären, zu der Annahme gezwungen, dass Lichtenergie in Pakete (Quanten) gebündelt ist.

EINSTEIN VERÄNDERT DIE PHYSIK

Das 30-Sekunden-Quantum

3-SEKUNDEN-QUÄNTCHEN
Max Plancks Quanten-
hypothese, dass Energie
in Paketen auftritt, wurde
von Einstein aufgegriffen,
um eine völlig neuartige
Physik zu begründen, die
schließlich in der Quantenmechanik mündete.

3-MINUTEN-GEDANKE
Planck postulierte, dass
sich die Energie einer
Quantenschwingung pro-
portional zu ihrer Frequenz
verhält. Das von ihm mit
dem Buchstaben h abge-
kürzte Verhältnis wurde
später als Plancksches
Wirkungsquantum oder
Planck-Konstante bekannt.
Wir wissen heute, dass h
sich aus der körnigen Natur
der Quantenwelt ergibt.
Als Planck-Länge (1.616×10^{-35} Meter) bezeichnet man
die Länge, unterhalb derer
die physikalischen Gesetze
ihre Gültigkeit verlieren.

Max Planck war von Natur aus
vorsichtig und konservativ, und doch stellte er die
Physik mit einer Idee auf den Kopf, die ihm 1918 den
Nobelpreis einbrachte. Sie betraf die Frage, wie die so-
genannte Hohlraumstrahlung aus warmen oder heißen
Körpern emittiert wird: Die Wellenlänge der stärksten
Strahlung verkürzt sich, während die Temperatur höher
wird. So strahlt ein Elektroheizer erst unsichtbares
Infrarotlicht, dann rotes und schließlich gelbes Licht ab.
Nach früheren Versuchen, die Strahlung mit atomaren
Schwingungen zu erklären, müsste die Strahlenmenge
mit zunehmender Kürze der Wellenlänge immer größer
werden, was zu einer »Ultraviolettkatastrophe« führte,
bei der die Energie unendlich wäre. 1900 fand Planck
heraus, dass die Gleichungen der Hohlraumstrahlung
mehr Sinn ergeben, wenn man annimmt, dass die
Energie der atomaren Schwingungen in Pakete oder
Quanten aufgeteilt wären, wobei die Energiemenge
sich proportional zur Lichtfrequenz verhielt. Für Planck
war dies ein simpler mathematischer Trick – wie er
selbst sagte, »ein Glücksstreffer«, doch Einstein behauptete, Plancks Quanten seien real und außerdem
in jeglicher Art Energie vorhanden. Somit war auch das
Licht selbst in einzelne Quanten portioniert, die man
später als Photonen bezeichnete. Planck verstörte
diese radikal andere Sichtweise des Phänomens Licht
anfangs zu sehr, sodass er die Quantenhypothese
zunächst ablehnte.

VERWANDTE THEMEN
PHOTOELEKTRISCHE QUANTEN
Seite 36

QUANTISIERTE
SCHWINGUNGEN
Seite 40

3-SEKUNDEN-BIOGRAFIEN
MAX PLANCK
1858–1947
Bedeutender deutscher
Physiker, der in der Nazizeit in
Bedrängnis kam

WILHELM WIEN
1864–1928
Deutscher Experimental-
physiker, der das Verhältnis von
Temperatur, Strahlungsenergie
und Wellenlänge der stärksten
Strahlung bei schwarzen
Körpern berechnete

30-SEKUNDEN-TEXT
Philip Ball

*Ein schwarzer Körper
strahlt Licht in einer
ganz bestimmten Farb-
verteilung ab, die von
seiner Temperatur
abhängt.*

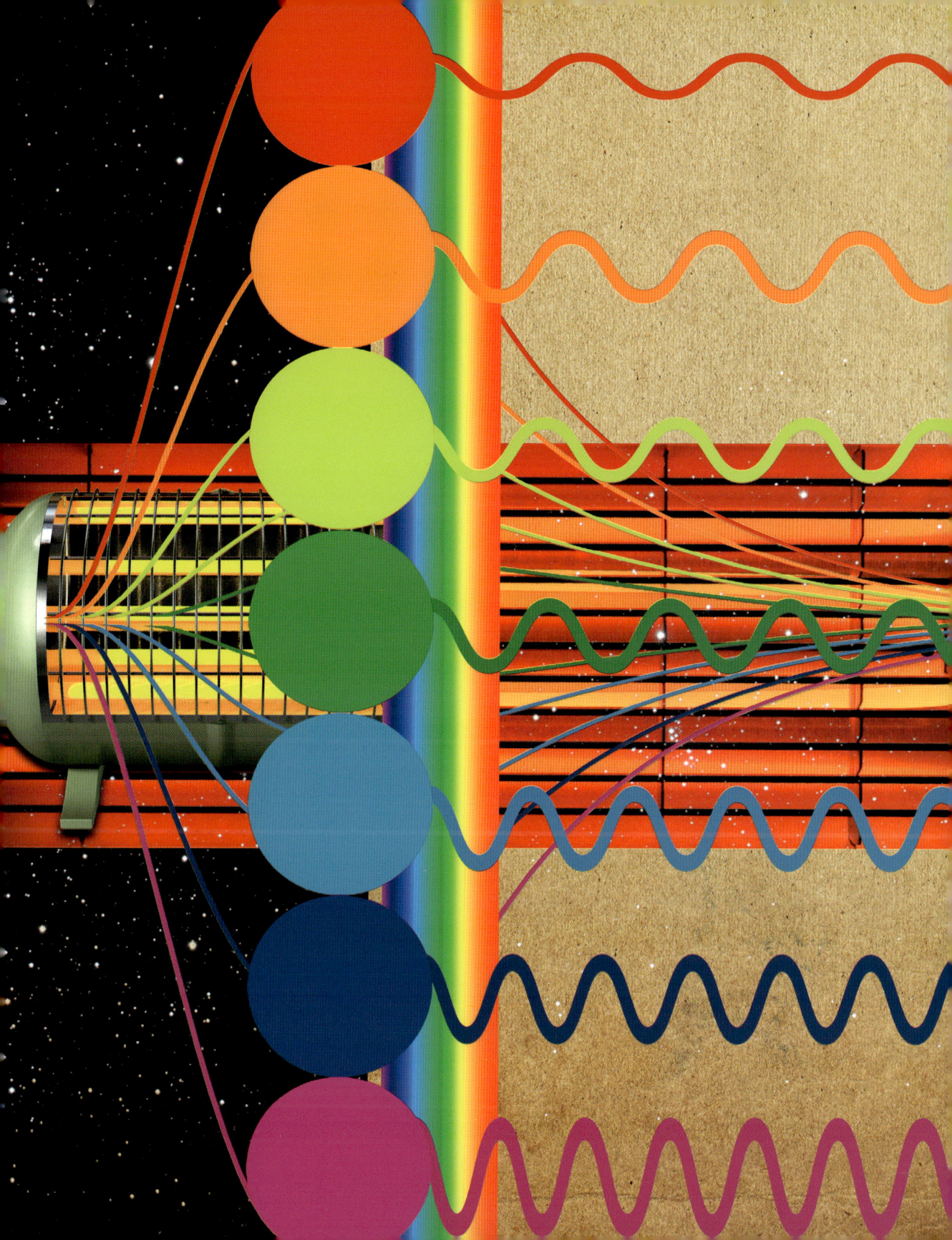

PHOTOELEKTRISCHE QUANTEN

Das 30-Sekunden-Quantum

3-SEKUNDEN-QUÄNTCHEN
1905 erweiterte Einstein
Max Plancks 1900 vor-
geschlagenes Konzept der
Lichtquanten, um alle be-
obachteten Eigenschaften
des photoelektrischen
Effekts zu erklären.

3-MINUTEN-GEDANKE
Die in den 1930er-Jahren
entwickelten Photomulti-
plier (Photoelektronenver-
vielfacher) verstärken mithilfe des photoelektrischen
Effekts schwache Licht-
signale und ermöglichen
damit die Entdeckung auch
von Lichtsignalquellen
mit geringer Intensität.
Sie kamen in frühen elek-
tronischen Bildsensoren
in der Astronomie und in
Videokameras zum Einsatz.
Auch Nachtsichtgeräte
nutzen den photoelek-
trischen Effekt. Dabei wird
ein dünner Film aus einem
Alkalimetall oder Halbleiter
in einer Bildverstärkerröhre
platziert.

In einem Aufsatz von 1905 be-
handelte Einstein den (äußeren) photoelektrischen
Effekt, der unter Physikern zuvor jahrzehntelang für
Verstörung gesorgt hatte. Experimente hatten ergeben, dass bestimmte Metalle Elektronen abgaben,
wenn Licht darauf schien, aber die Energie der Elektronen nicht von der Lichtintensität abhing. Außerdem
verschwand der Effekt, wenn die Frequenz des Lichts
verringert wurde. All dies widersprach der traditionellen Theorie über die Lichtwellen. Aufbauend auf
einem von Max Planck 1900 veröffentlichten Beitrag
schlug Einstein vor, dass das Licht stückchenweise, in
Quanten, auf das Metall fiel. Planck hatte das Konzept
der Quanten eingeführt, um das Verhalten von Licht
zu erklären, das ein schwarzer Körper abgibt. Einstein
verallgemeinerte es und behauptete, Licht könne nur
in Quanten mit den Elektronen interagieren, wobei
die Energie des einzelnen Lichtquantums Plancks
Gleichung $E=hf$ folge (f bezeichnet die Frequenz des
Lichts). So erklärte er in brillanter Weise alle Aspekte
des photoelektrischen Effekts. Nach Einstein besaß
jedes Metall seine Grenzfrequenz; war die Lichtfrequenz tiefer, trat kein photoelektrischer Effekt auf.
Außerdem folgte daraus, dass intensiveres Licht nur
mit mehr Lichtquanten pro Sekunde verbunden war
und die Energie jedes abgegebenen Elektrons dieselbe
blieb. Für dieses Werk wurde Einstein 1921 mit dem
Nobelpreis für Physik ausgezeichnet.

VERWANDTE THEMEN
MILLIKANS BEWEIS
Seite 38

AUF DEM WEG ZUM WELLE-
TEILCHEN-DUALISMUS
Seite 44

3-SEKUNDEN-BIOGRAFIEN
ALEXANDER STOLETOW
1839–1896
Russischer Physiker, der bei
seiner Analyse des äußeren
photoelektrischen Effekts zu
Ergebnissen kam, die Einstein
1905 in seiner Theorie erklärte

HEINRICH HERTZ
1857–1894
Deutscher Physiker, der 1887
den äußeren photoelektrischen
Effekt entdeckte

30-SEKUNDEN-TEXT
Rhodri Evans

*Beim äußeren photo-
elektrischen Effekt
erzeugen Photonen mit
niedriger Energie keine
Wirkung, während
solche mit hoher
Elektronen bewegen
und einen elektrischen
Strom erzeugen.*

MILLIKANS BEWEIS

Das 30-Sekunden-Quantum

3-SEKUNDEN-QUÄNTCHEN
Es bedurfte eines Zweiflers, um Einsteins These, dass Licht in winzige Pakete gequantelt ist, mit einer ausgeklügelten Versuchsreihe zu beweisen.

3-MINUTEN-GEDANKE
Millikans experimenteller Beweis von Einsteins Quantentheorie des Lichts ist ein Musterbeispiel dafür, wie die moderne Physik fortschreitet. Die Interaktion von Theoretikern, die neue Ideen entwickeln, und Experimentalphysikern, die sie überprüfen, ist grundlegend. Der Bau der heutigen riesigen und sündhaft teuren Versuchsausrüstungen wie dem Teilchenbeschleuniger des CERN kann Jahrzehnte dauern. So stellt sich die Frage, was wohl für die Überprüfung der Theorien der Zukunft erforderlich sein wird, wenn Physiker immer näher zum Kern der Realität vordringen.

Der amerikanische Physiker

Robert Andrews Millikan erbrachte in einer Reihe von Experimenten, die er 1916 abschloss, den Nachweis für Einsteins These von 1905, dass Licht quantisiert sei. Millikan war skeptisch eingestellt gegenüber Einsteins Erklärung des äußeren photoelektrischen Effekts mit Quanten, sah aber die Möglichkeit, sie experimentell zu überprüfen. Nach Einsteins Formel bestand eine direkte Beziehung zwischen der Lichtfrequenz und der maximalen Energie der abgegebenen Elektronen, die andere zuvor mit unschlüssigen Ergebnissen zu beweisen oder widerlegen versucht hatten. Millikan war ein erfahrener Experimentalphysiker, der alles daran setzte, zu präzisen Messungen zu gelangen. So forderte er in diesem Fall extrem saubere Oberflächen, wie sie nur in einem Vakuum zu erreichen waren. Außerdem baute er eine große, ausgeklügelte Versuchsausrüstung, um mögliche Irrtümer auszuschließen. Millikan beschrieb sein Experiment als »Autohaus im Vakuum«. Er veränderte dabei die Spannungen in seiner Versuchsanordnung kontinuierlich und konnte so die maximale Energie messen, die eine Metallplatte, die von Licht mit unterschiedlichen Frequenzen bestrahlt wurde, an Elektronen weitergab. Er fand heraus, dass eine direkte Beziehung zwischen den beiden bestand. Dafür und für die Messung der Ladung auf einem Elektron wurde Millikan 1923 mit dem Physiknobelpreis ausgezeichnet.

VERWANDTE THEMEN
PHOTOELEKTRISCHE QUANTEN
Seite 36

QUANTISIERTE SCHWINGUNGEN
Seite 40

AUF DEM WEG ZUM WELLE-TEILCHEN-DUALISMUS
Seite 44

3-SEKUNDEN-BIOGRAFIEN
ROBERT ANDREWS MILLIKAN
1868–1953
Amerikanischer Physiker und Nobelpreisträger (1923) für den Nachweis von Einsteins photoelektrischem Effekt und die Ermittlung der Elementarladung eines Elektrons

WILMER SOUDER
1884–1974
Amerikanischer Physiker und Millikans Assistent bei den Versuchen zum photoelektrischen Effekt

30-SEKUNDEN-TEXT
Leon Clifford

Millikan wollte die Existenz von Einsteins Photonen widerlegen, doch seine Experimente bestätigten die Quantenhypothese.

QUANTISIERTE SCHWINGUNGEN
Das 30-Sekunden-Quantum

1907 löste Einstein ein Rätsel, das Forscher schon seit längerer Zeit beschäftigt hatte – die Wärmemenge, die benötigt wird, um die Temperatur eines bestimmten Stoffes zu erhöhen. Gemäß der klassischen Physik sollte die Wärmekapazität von Festkörpern konstant bleiben und nicht von der Temperatur abhängig sein, doch Versuche hatten diese Annahme widerlegt. Einstein zog den Schluss, dies müsse mit einem Quanteneffekt zusammenhängen. Wenn Licht quantisiert war, so Einstein, müsste auch Wärme – thermale Energie – es sein. Wärme äußert sich in der Bewegung von Atomen: je größer die Hitze, desto größer die Bewegung. Atome in Festkörpern besitzen weniger Bewegungsfreiheit als Atome in Gasen oder Flüssigkeiten, sodass ihre Bewegung sich als Schwingung äußert. Einstein stellte sich die einzelnen Atome in einem Festkörper als unabhängig voneinander vibrierende Punkte (Oszillatoren) vor. Wenn Wärme quantisiert war, schloss Einstein, waren es auch diese Schwingungen. Somit verhielt sich der Stoff in Schwingung, als würde ihn ein Teilchen passieren – ein Quasiteilchen, das den Gesetzen der Quantentheorie folgte. Einstein veröffentlichte seine wichtige Einsicht in einem Aufsatz mit dem Titel *Die Plancksche Theorie der Strahlung und die Theorie der spezifischen Wärme*, der die Existenz von Quanten weiter untermauerte.

VERWANDTE THEMEN
BOSE-EINSTEIN-KONDENSATE
Seite 28

PHOTOELEKTRISCHE QUANTEN
Seite 36

3-SEKUNDEN-BIOGRAFIEN
WALTHER NERNST
1864–1941
Deutscher Physiker und Pionier der Erforschung von Masse bei niedrigen Temperaturen, der die Bedeutung von Einsteins Aufsatz zu quantisierten Schwingungen erkannte

PETER DEBYE
1884–1966
Niederländisch-amerikanischer Physiker, der Einsteins Theorie erweiterte und die Schwingung von Atomen kollektiv und nicht einzeln beschrieb

30-SEKUNDEN-TEXT
Leon Clifford

Schwingungen in Festkörpern, ob durch Wärme oder Schall verursacht, sind quantisiert und verhalten sich, als ob ein Teilchen den Stoff passiert.

3-SEKUNDEN-QUÄNTCHEN
Einstein untermauerte die Existenz der Quantisierung von Energie weiter, indem er darlegte, wie quantisierte Atomschwingungen eine Veränderung der Wärmekapazität mit der Temperatur verursachten.

3-MINUTEN-GEDANKE
Die Wärmeenergie einer Gruppe schwingender Atome in einer Kristallstruktur führt zu Schwingungen im Kristallgitter. Wärmeenergie wird in die mechanische Energie des vibrierenden Kristallgitters umgewandelt, die Wärme und Klang durch den Stoff transportieren kann. Diese Schwingungen, die sich wellenartig im Kristall fortpflanzen, weisen Energie und Impuls auf. Außerdem lassen sie teilchenähnliche Eigenschaften beobachten. Ein Quantum dieser schwingenden mechanischen Energie wird als Phonon bezeichnet.

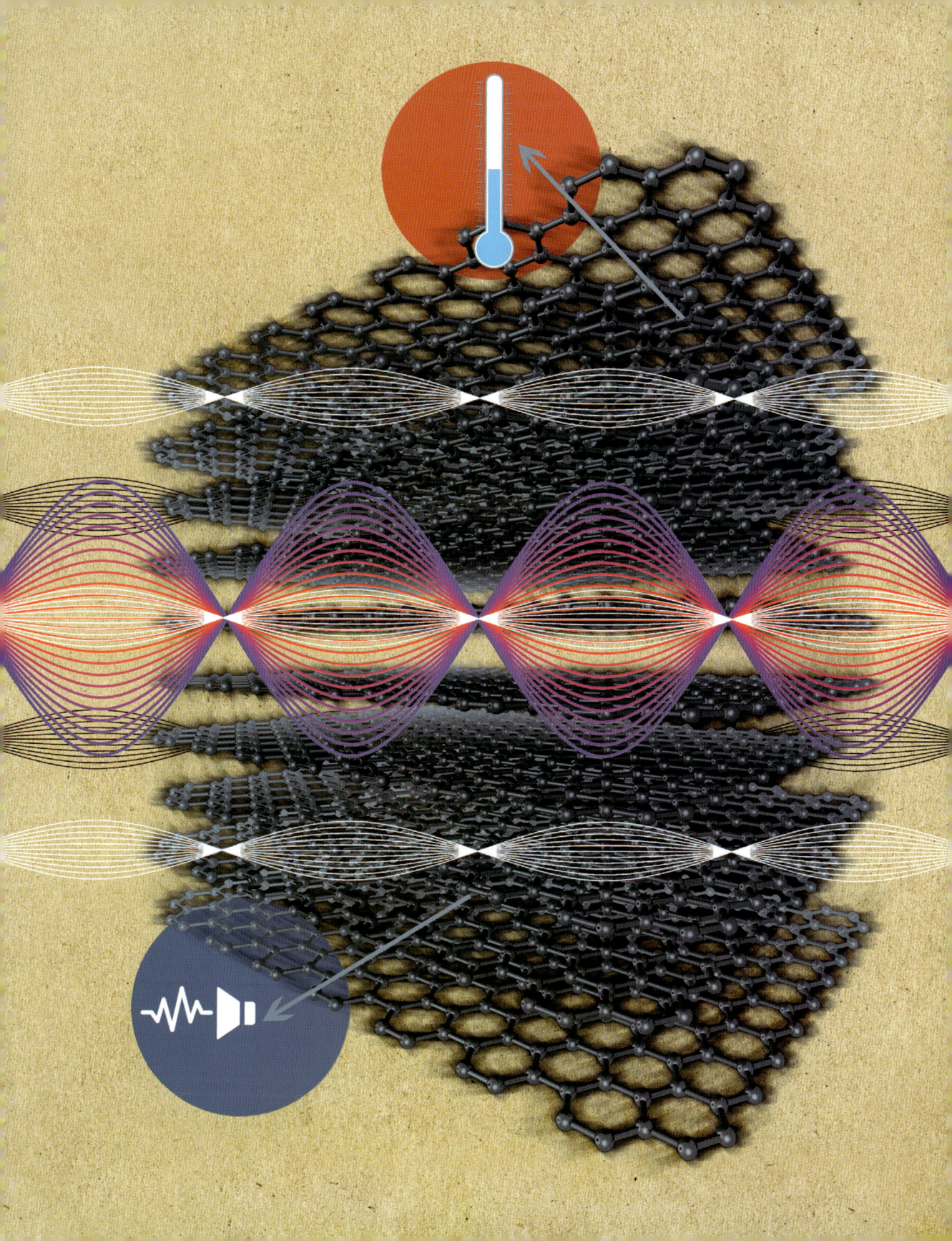

23. April 1858
Geburt in Kiel

1867
Umzug der Familie nach München, da sein Vater als Rechtsprofessor an die dortige Universität berufen wird

1874
Aufnahme eines Physikstudiums an der Universität München mit 16 Jahren

1877
Einjähriger Studien-aufenthalt an der Universität zu Berlin

1879
Promotion in München zur Thermodynamik

1880
Privatdozent an der Universität München

1885
Außerordentlicher Professor an der Universität Kiel

1889
Nachfolge von Gustav Kirchhoff an der Universität zu Berlin

1892
Ordinarius für theoretische Physik in Berlin

1900
Entdeckung der »Planck-Formel«, die er später selbst erklärt. Begründung des Quantenzeit-alters.

1905
Einsatz für Einsteins Spezielle Relativitäts-theorie, um ihr mehr wissenschaftliche Öffentlichkeit zu verschaffen

1914
Unterzeichnung des »Manifests der 93« zur Unterstützung der deutschen Kriegsanstren-gungen

1918
Nobelpreis für Physik für die Entdeckung der Energiequanten

1927
Verleihung der Lorentz-medaille

1929
Verleihung der Copley-Medaille

1929
Erste Verleihung der Max-Planck-Medaille, der höchsten Auszeichnung der Deutschen Physika-lischen Gesellschaft

4. Oktober 1947
Tod in Göttingen mit 89 Jahren

MAX PLANCK

Als Karl Ernst Ludwig Max Planck 1874 ein Studium der Physik an der Universität München aufnahm, sagte ein Professor zu ihm, dass in dieser Disziplin schon beinahe alles erforscht sei und es nur noch einige wenige Löcher zu stopfen gebe. 26 Jahre später bewies Max Planck, wie falsch sein Professor gelegen hatte, und läutete ein neues Zeitalter in der Physik ein: das Quantenzeitalter. Um die Hohlraumstrahlung, das von heißen Festkörpern abgegebene Lichtspektrum, zu erklären, führte Planck das Konzept der quantisierten (gequantelten) Energie ein. Später schrieb er dazu, er könne die ganze Prozedur nur als einen Akt der Verzweiflung charakterisieren.

Plancks kontinuierliche Forscherkarriere bis 1900 verlief unauffällig. 1879 promovierte er an der Universität München mit dem Titel »Über den zweiten Hauptsatz der mechanischen Wärmetheorie«. Anschließend lehrte er als Privatdozent und trat 1885 seine erste bezahlte Stelle als außerordentlicher Professor für Physik in seiner Geburtsstadt Kiel an. Als Gustav Kirchhoff vier Jahre später emeritiert wurde, berief man Planck als außerordentlichen Professor an die Universität zu Berlin, wo er 1892 Ordinarius wurde. Berlins erste Wahl wäre Ludwig Boltzmann gewesen, doch dieser hatte abgelehnt.

Planck setzte seine theoretischen Arbeiten zur Thermodynamik fort und erhielt 1894 von deutschen Elektro-Unternehmen den Auftrag, sie bei der Entwicklung einer besseren Glühbirne zu unterstützen. 1897 erschienen Plancks »Vorlesungen über die Thermodynamik«, die viele Neuauflagen erlebten. Nachdem Wilhelm Wien 1896 ein Gesetz zur Strahlung schwarzer Körper veröffentlicht hatte, brütete Planck im Oktober 1900 eine ganze Nacht über einer mathematischen Gleichung für deren Spektrum, das inzwischen von Ultraviolett bis Infrarot ausgemessen worden war.

Schließlich fand er eine solche Gleichung und teilte sie am 19. Oktober 1900 mit Mitgliedern der Deutschen Physikalischen Gesellschaft. Bis zum 13. November hatte Planck eine Theorie entwickelt, die zwar seine Gleichung erklärte, aber in der Tat radikal war. Dabei musste Planck annehmen, dass Energie kein Kontinuum war, sondern in Stücken existierte, die er als Quanten bezeichnete. Wenn er annahm, dass die Größe der Quanten gegen null tendierte, löste sich seine Gleichung in nichts auf, und er blieb allein mit den Quanten zurück.

1918 wurde Planck für diese Entdeckung mit dem Nobelpreis ausgezeichnet, aber für lange Jahre hielt er seine Quantisierung der Energie nicht für wirklich. Er hatte die grundlegendste Idee der Physik überhaupt entdeckt: dass die Natur quantisiert und nicht kontinuierlich ist. Nach seinem Tod im Jahre 1947 wurden die staatsfinanzierten Forschungsinstitute in Deutschland zu seinen Ehren in »Max-Planck-Institute« umbenannt.

Rhodri Evans

AUF DEM WEG ZUM WELLE-TEILCHEN-DUALISMUS
Das 30-Sekunden-Quantum

3-SEKUNDEN-QUÄNTCHEN
Einstein zeigte als Erster auf, dass es kein Widerspruch ist, Licht zugleich als wellen- und teilchenartig zu betrachten.

3-MINUTEN-GEDANKE
Der Welle-Teilchen-Dualismus besteht in beide Richtungen. Die Vorstellung, dass Lichtwellen sich wie Materieteilchen verhalten können, wurde 1924 durch den französischen Physiker Louis de Broglie weiterentwickelt. Er postulierte, dass sich Materieteilchen wie Elektronen auch als Wellen beschreiben lassen. Elektronenmikroskope machen Gebrauch von diesem Phänomen, indem sie beruhend auf dem Wellenverhalten von Elektronen winzige Objekte mit Elektronenstrahlen beleuchten und das Bild dann vergrößern.

Das Muster der elektromagnetischen Strahlung, die von einer thermischen idealisierten Strahlungsquelle, einem schwarzen Körper, emittiert wird, bereitete den Forschern im Laufe des 19. Jahrhunderts viel Kopfzerbrechen. 1900 formulierte dann Max Planck eine Gleichung, um das Verhältnis von Energie und Frequenz der von einem schwarzen Körper emittierten Strahlung zu beschreiben, die als Plancksches Strahlungsgesetz bekannt ist. Einstein löste mithilfe dieses Gesetzes das Rätsel des photoelektrischen Effekts. Damit sorgte er allerdings für Aufruhr unter den Physikern, denn seine Theorie beruhte auf der Annahme, dass Licht nicht die Form von Wellen, sondern kleiner Teilchen (Quanten) hat. 1909 löste Einstein diesen scheinbaren Widerspruch auf, indem er das Plancksche Strahlungsgesetz als richtig annahm und die Gleichungen analysierte, die Energie und Impuls der Strahlung von schwarzen Körpern beschrieben. Er zeigte auf, dass eine Komponente bei niedrigen Energien vorherrscht und wellenartigen Charakter hat, während bei hohen Energien eine andere, teilchenähnliche dominiert. Einstein veröffentlichte seine Erkenntnisse und erklärte Forscherkollegen, dass die Widersprüche zwischen wellen- und teilchenartigem Verhalten gelöst werden können. Damit äußerte er zum ersten Mal die Hypothese, dass Licht sich sowohl als Welle als auch als Teilchen beschreiben lässt, was als Welle-Teilchen-Dualismus bezeichnet wird.

VERWANDTE THEMEN
PHOTOELEKTRISCHE QUANTEN
Seite 36

MAX PLANCK
Seite 42

3-SEKUNDEN-BIOGRAFIEN
JAMES CLERK MAXWELL
1831–1879
Schottischer Physiker, der mit seiner Theorie zu elektromagnetischen Wellen das Verhalten von Licht- und Radiowellen beschrieb

JAMES HOPWOOD JEANS
1877–1946
Englischer Physiker, der Plancks Strahlungsgesetz ablehnte und die Natur des Lichtes erörterte

30-SEKUNDEN-TEXT
Leon Clifford

Quantenphänomene wie das Licht erzeugen von Wellen erwartete Effekte wie Interferenzen, wo Wellen in Wechselwirkung treten, verhalten sich aber zugleich auch wie Teilchen.

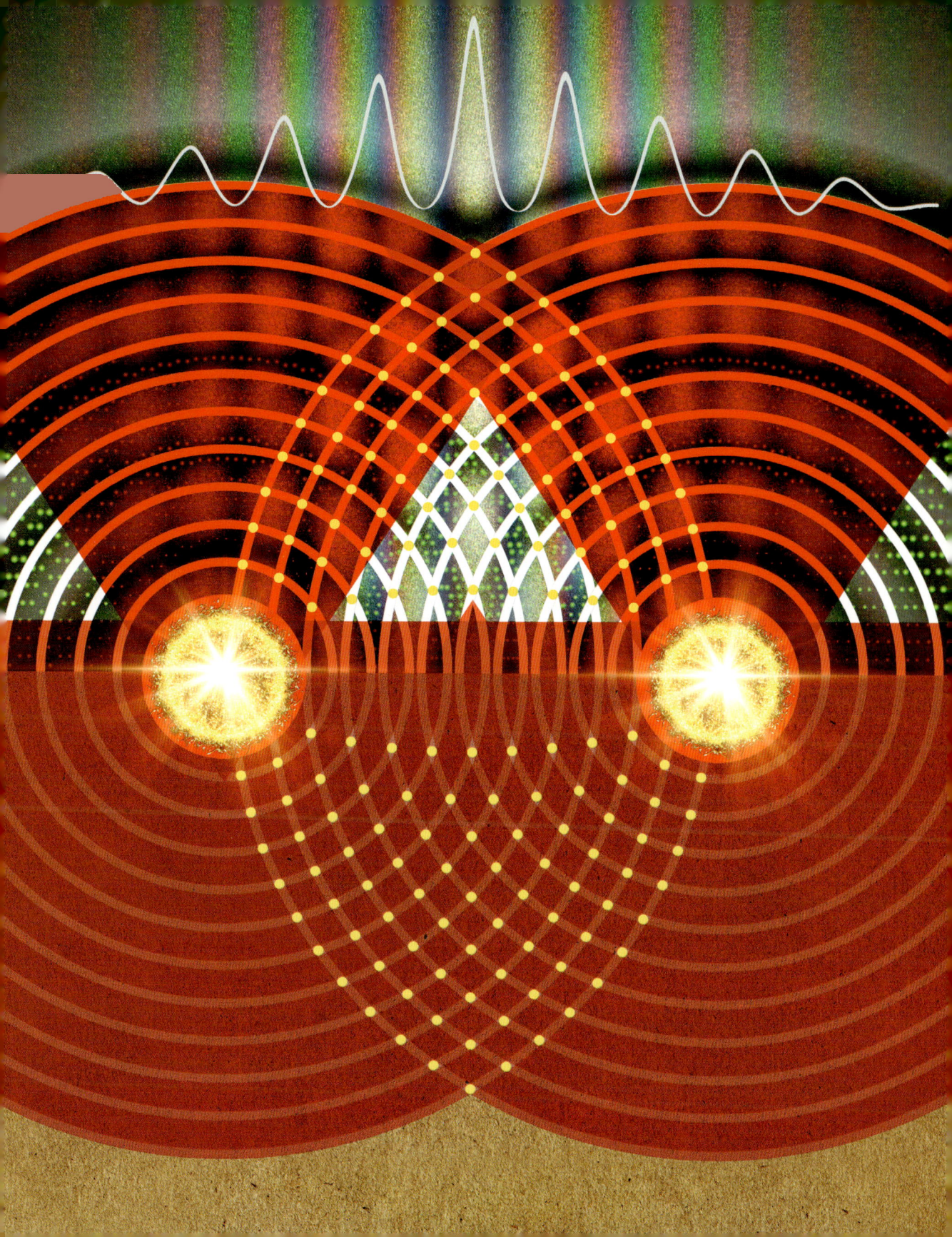

STIMULIERTE EMISSION

Das 30-Sekunden-Quantum

3-SEKUNDEN-QUÄNTCHEN
Bei der stimulierten Emission veranlasst ein eintreffendes Photon ein Atom zur Abgabe eines Photons mit genau denselben Eigenschaften.

3-MINUTEN-GEDANKE
Laser kommen heute in ganz unterschiedlichen Bereichen zum Einsatz – von CD- und DVD-Playern über Scannerkassen und die präzise Metallbearbeitung bis zu Augenoperationen, der Beseitigung von Hautproblemen oder der Haarentfernung. Die Apollo-Astronauten der Mondmission stellten Spiegel auf unserem Trabanten auf, mithilfe derer der exakte Abstand zwischen Erde und Mond durch Senden eines Laserstrahls gemessen werden kann.

Elektronen nehmen bestimmte

Energiezustände bzw. Aufenthaltsräume (Orbitale) um den Atomkern ein. Werden sie durch Anregung auf ein Orbital mit höherem Energiezustand versetzt, können sie spontan auf ein niedrigeres zurückkehren. Bei der Rückkehr gibt das Elektron ein Lichtteilchen (Photon) ab. Einstein stellte fest, dass es noch einen anderen Rückkehrweg für das Elektron gibt – durch stimulierte Emission. Bei diesem Vorgang tritt das Elektron in Wechselwirkung mit einem eintreffenden Photon, dessen Energie exakt der Energiedifferenz zwischen dem aktuellen Orbital des Elektrons und dem Orbital mit niedrigerem Energiezustand entspricht. Diese Wechselwirkung stimuliert das Elektron zum Sprung hinab auf den niedrigeren Orbit. Dabei gibt das Elektron ein Photon, dessen Eigenschaften genau dieselben sind wie die des eingetroffenen Photons. So können die Photonen, während sie durch einen Stoff dringen, die Produktion von immer mehr identischen Photonen anregen. Meist befinden sich mehr Elektronen auf niedrigeren Energiezuständen, aber durch eine Elektronenpumpe können mehr Elektronen auf höhere Energiezustände gebracht werden. Dies dient in Geräten wie Lasern (»Licht-Verstärkung durch stimulierte Emission von Strahlung«) dazu, einen verstärkten Lichtstrahl mit einheitlicher Frequenz zu erzeugen. Auf diese Weise kann eine große Menge Energie in einem Punkt gebündelt werden.

VERWANDTE THEMEN
PHOTOELEKTRISCHE QUANTEN
Seite 36

QUANTISIERTE VIBRATIONEN
Seite 40

3-SEKUNDEN-BIOGRAFIEN
RUDOLF W. LADENBURG
1882–1952
Deutscher Physiker, der als Erster Einsteins Hypothese der stimulierten Emission experimentell bestätigte

THEODORE H. MAIMAN
1927–2007
Amerikanischer Ingenieur, der im Mai 1960 als Erster einen funktionierenden Laser baute

30-SEKUNDEN-TEXT
Rhodri Evans

Ein Elektron kann durch Licht auf einen höheren Energiezustand gebracht und anschließend durch ein weiteres Photon zur Abgabe von zwei Photonen (stimulierte Emission) angeregt werden.

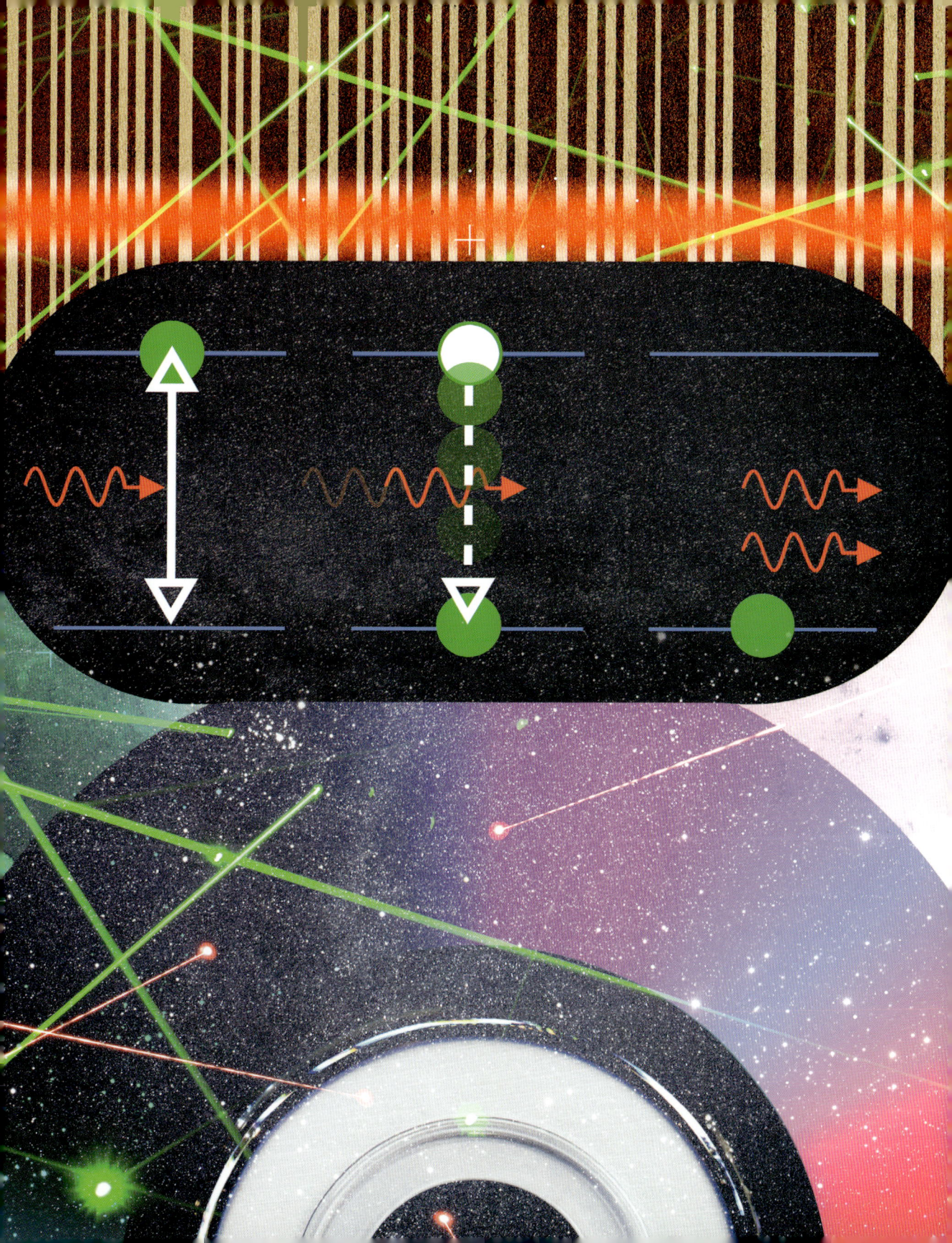

SPEZIELLE RELATIVITÄTSTHEORIE

4D Kurzform für »vierdimensional«. Die drei Dimensionen des Raumes – hoch-runter, links-rechts sowie vor-zurück, jeweils im rechten Winkel zueinander – sind wir gewohnt. Aus mathematischer Sicht kann man allerdings so viele Dimensionen wie gerade erforderlich ansetzen. In der Raumzeit, mit der das Universum vierdimensional wurde, ist die Zeit die vierte Dimension – mit anderen Eigenschaften als die räumlichen Dimensionen, aber für die Mathematik ohne Weiteres berechenbar.

Gravitation In der Antike verstand man unter Gravitation (Schwere) und Levitation (Leichtigkeit) die Neigung, auf den Mittelpunkt des Universums zuzusteuern bzw. sich von ihm fortzubewegen. Erst im 17. Jahrhundert begann man den Begriff zu verwenden, um eine Anziehungskraft zwischen zwei Körpern mit einer Masse zu beschreiben. Einstein definierte die Gravitation im Sinne der Krümmung der Raumzeit (Raumkrümmung) neu.

Higgs-Boson Physiker modellieren das Verhalten von Materie und anderen Phänomenen auf der Grundlage von Quantenteilchen als Quantenfelder. Ein Feld ist eine mathematische Beschreibung von allem, was auf jeder möglichen Zeit- und Raumkoordinate über einen Wert verfügt. Nach diesem Modell ist eine Wetterkarte, die den Atmosphärendruck zeigt, ein zweidimensionales Druckfeld und ein Lichtphoton eine sich im elektromagnetischen Feld bewegende Störung. Als man schließlich alle bekannten Felder miteinander kombiniert hatte, konnte man dennoch die Masse einiger Quantenteilchen noch immer nicht erklären. Deshalb postulierte man die Existenz eines weiteren Feldes, das nach einem seiner Erfinder als Higgs-Feld bezeichnet wird. Eine Störung, die sich im Higgs-Feld bewegt, wird Higgs-Boson genannt. Auch wenn es keine wichtige Rolle bei der Wirkung des Higgs-Feldes spielt, versuchte man es aufzuspüren. Dies gelang 2013, als im CERN, dem europäischen Forschungszentrum für Teilchenphysik an der französisch-schweizerischen Grenze bei Genf, ein Teilchen entdeckt wurde, das mit großer Wahrscheinlichkeit das Higgs-Boson ist.

Lorentz-Transformationen Der niederländische Physiker Hendrik Lorentz stellte eine Reihe von Gleichungen auf, um die Ergebnisse des Michelson-Morley-Experiments zu verarbeiten, bei dem sich herausgestellt hatte, dass Licht offenbar von Bewegung beeinflusst wird. Physiker sprechen in diesem Fall von einem »Inertialsystem« – in dem Zeit und Raum während einer Bewegung bei gleichbleibender Geschwindigkeit untersucht werden können. Die Lorentz-Transformationen ermöglichen bei der Berechnung die Bewegung von einem

Inertialsystem zum anderen. Da die Lichtgeschwindigkeit konstant bleiben muss, führt dieser Wechsel zu Veränderungen bei der Entfernung und der verstrichenen Zeit. Die Lorentz-Transformationen bilden ein zentrales Element der speziellen Relativität.

Michelson-Morley-Experiment Dieses 1887 durchgeführte Experiment sollte den Nachweis für den Einfluss des Äthers auf die Lichtgeschwindigkeit erbringen. Ein kreisrunder, auf einem Backsteinsockel befestigter Gusseisentrog wurde mit Quecksilber gefüllt. Auf seiner Oberfläche trieb ein kreisrunder Holzschwimmkörper, auf dem ein Sandsteinquader mit 1,5 Metern Seitenlänge lag. Versetzte man sie in Rotation – mit etwa einer Umdrehung alle sechs Minuten –, drehten sie sich stundenlang. Auf der Oberfläche der Platte reflektierte eine Reihe von Spiegeln einen Lichtstrahl, der geteilt wurde, um in rechtwinkligen Richtungen zu verlaufen, bevor seine Teile wieder vereint wurden. Das Randzonenmuster würde sich verschieben, wenn es zu einer Variation in der Lichtgeschwindigkeit in unterschiedlichen Richtungen kommt. Der Apparat entdeckte keinen Unterschied, was den Schluss nahelegte, dass das Licht der Erde bei seiner Bewegung keiner Wirkung durch den Äther ausgesetzt ist.

Raumzeit In der speziellen Relativität können Zeit und Raum nicht getrennt betrachtet werden, während Bewegung dazu führt, dass wir den Zeitablauf und Entfernungen unterschiedlich sehen. Um damit umgehen zu können, entwickelte Hermann Minkowski, Einsteins Mathematikdozent, das Konzept der Raumzeit – eine Zusammenführung der drei Dimensionen des Raumes und der Zeit. Interessanterweise hatte H. G. Wells diese Zusammenführung schon 1895, mehr als zehn Jahre zuvor, in seinem Science-Fiction-Roman »Die Zeitmaschine« vorgeschlagen.

Zeitdilatation Die spezielle Relativität verändert Zeitablauf, Entfernungen und Masse beweglicher Objekte. Auf einem in Bewegung befindlichen Objekt verlangsamt sich die Zeit, wenn man es von einem anderen Bezugsrahmen aus betrachtet. Diese Verlangsamung der Zeit wird als Zeitdilatation bezeichnet.

VON PATENTEN ZUR RELATIVITÄT

Das 30-Sekunden-Quantum

VERWANDTE THEMEN
DER TRAUM VOM LICHT
Seite 54

ZUR ELEKTRODYNAMIK
BEWEGTER KÖRPER
Seite 56

GLEICHZEITIGKEIT
Seite 62

3-SEKUNDEN-QUÄNTCHEN
Als Einstein seine Spezielle Relativitätstheorie entwickelte, war er nur ein einfacher Mitarbeiter des Patentamts, doch der Kontakt mit elektrisch synchronisierten Uhren mag ihn zu Gedanken zur Gleichzeitigkeit inspiriert haben.

3-MINUTEN-GEDANKE
An zwei verschiedenen Orten zeigen zwei Uhren gleichzeitig 12 Uhr an – das scheint uns selbstverständlich. Damit das auch so ist, muss aber ein Signal die Zeit angeben. Vor der Mitte des 19. Jahrhunderts war dies nur durch Sichtverbindung möglich. Bei seiner Arbeit prüfte Einstein Patente, die elektrische Signale zum Synchronisieren von Uhren betrafen. Diese schienen unter Berücksichtigung der Übertragungszeit gleichzeitige Ereignisse zu kennzeichnen. Doch die Spezielle Relativitätstheorie sollte weitere Fragen aufwerfen.

Als der Direktor des Schweizer

Patentamtes Friedrich Haller Einstein als Patentbeauftragten (technischen Experten dritter Klasse) anstellte, sah es für den späteren Nobelpreisträger nicht gerade nach dem Beginn eines wissenschaftlichen Höhenflugs aus. Doch die Anstellung stellte sich als gerade richtig heraus: Da Einstein das Prüfen der Patente leichtfiel, hatte er viel Zeit, um über seine Theorien nachzudenken. In seinem »Annus mirabilis« (1905) erschienen vier seiner wichtigsten Aufsätze, darunter auch derjenige zur Speziellen Relativitätstheorie. Einige Patente könnten ihn auch direkt zu Gedanken über die Gleichzeitigkeit inspiriert haben: Wann kann man zwei an verschiedenen Orten stattfindende Ereignisse als gleichzeitig ansehen, und wie verändert eine gleichförmige Bewegung die Gleichzeitigkeit? Gerade zu jener Zeit kam nämlich das Konzept der Weltzeit auf und war deshalb auch Gegenstand einiger Patente. Vor dem Ausbau des Eisenbahnnetzes hatten jede Stadt und jedes Dorf ihre eigene Vorstellung von Zeit. Die Uhren wurden nach dem Sonnenaufgang oder anderen natürlichen Faktoren gestellt. So mögen etwa in Basel mittags die Glocken 20 Minuten früher 12 Uhr geläutet haben als in Bern. Bei der Fahrplanerstellung für die Eisenbahn war dies aber nicht länger hinnehmbar, und so schlug sich Einstein mit einem ganzen Haufen Patenten für die elektrische Synchronisierung von Uhren herum.

3-SEKUNDEN-BIOGRAFIEN
MARCEL GROSSMANN
1878–1936
Freund Einsteins, der ihm seine Vorlesungsmitschriften auslieh und für seine Anstellung im Schweizer Patentamt sorgte

FRIEDRICH HALLER
Patentamtsdirektor
1888–1921
33 Jahre lang Direktor des Schweizer Patentamts und Freund von Marcel Grossmanns Vater

30-SEKUNDEN-TEXT
Brian Clegg

Die Eisenbahn warf die Notwendigkeit einer Weltzeit auf, was zu vielen Patenten für die Synchronisation von Bahnhofsuhren führte.

DER TRAUM VOM LICHT

Das 30-Sekunden-Quantum

VERWANDTE THEMEN
ZUR ELEKTRODYNAMIK
BEWEGTER KÖRPER
Seite 56

ABSCHIED VOM ÄTHER
Seite 58

3-SEKUNDEN-QUÄNTCHEN
Als Sechzehnjähriger fragte sich Einstein, was mit dem Licht geschehen würde, wenn man sich mit ihm bewegte; nach der gängigen Meinung sollte es verschwinden, doch er hielt das für falsch.

3-MINUTEN-GEDANKE
Zehn Jahre vergingen zwischen Einsteins Traum vom Licht und seiner Speziellen Relativitätstheorie. Ähnliches wiederholte sich später, als er schon 1907 Überlegungen zum Äquivalenzgrundsatz anstellte, aber die Entwicklung der mathematischen Grundlagen für die Allgemeine Relativitätstheorie acht Jahre in Anspruch nahm. Einstein entwickelte seine Ideen erst in Gedankenexperimenten, die für theoretische Physiker ein mächtiges Werkzeug darstellen.

Gerade einmal 16 Jahre alt und noch Schüler am Gymnasium im schweizerischen Aarau, stellte sich Einstein vor, wie es wäre, einen Lichtstrahl entlangzuschweben. Er sagte später dazu, dass eine Person, die dem Licht folgen könnte, ein zeitunabhängiges Wellenfeld vor sich hätte, doch so etwas existiere gar nicht. Die Gleichungen zum Elektromagnetismus von James Clerk Maxwell sagten voraus, dass Lichtwellen erzeugt werden, wenn sich die elektrischen und magnetischen Felder für einen Beobachter mit der Zeit verändern. Ein Beobachter, der an einem Lichtstrahl entlangschwebt, würde nicht sehen, wie sich die Felder verändern, und die Lichtwellen würden deshalb verschwinden. Maxwell sagte außerdem einen eindeutigen Wert für die Lichtgeschwindigkeit vorher, der allein von den magnetischen und elektrischen Eigenschaften des leeren Raumes abhängt. Warum sollten sich diese Eigenschaften ändern, wenn man sich bewegt? Einsteins Jugendgedanken gipfelten zehn Jahre später in seinem Artikel »Zur Elektrodynamik bewegter Körper« (1905), in dem er darlegte, dass die Lichtgeschwindigkeit für alle Beobachter konstant sei, ganz gleich wie schnell sie sich bewegten. Die Verbindung dieses Konzepts mit den bestehenden Bewegungsgesetzen führte jedoch zu merkwürdigen Konsequenzen für die Beschaffenheit von Zeit und Raum.

3-SEKUNDEN-BIOGRAFIEN
GALILEO GALILEI
1564–1642
Italienischer Naturphilosoph, der behauptete, kein mechanisches Experiment könne zwischen Ruhezustand und Bewegung bei konstanter Geschwindigkeit unterscheiden – »Relativität nach Galileo Galilei«

JAMES CLERK MAXWELL
1831–1879
Schottischer Physiker, der aufzeigte, dass die Lichtgeschwindigkeit von den magnetischen und elektrischen Eigenschaften des Raumes abhängt

30-SEKUNDEN-TEXT
Rhodri Evans

Als Jugendlicher stellte sich Einstein vor, er schwebe neben einem Lichtstrahl her und beobachte das Licht, das durch seine Bewegung angehalten wird.

ZUR ELEKTRODYNAMIK BEWEGTER KÖRPER

Das 30-Sekunden-Quantum

3-SEKUNDEN-QUÄNTCHEN
1905 zeigte Einstein in einem Aufsatz auf, dass sich auf einer Reise mit beinahe Lichtgeschwindigkeit die Zeit verlangsamt, Längen verkürzen und Massen vergrößern.

3-MINUTEN-GEDANKE
Einsteins Spezielle Relativitätstheorie gibt uns mit der Zeitdilatation die Möglichkeit, zu entfernten Sternen zu fliegen, wenn wir uns nur schnell genug fortbewegen. Außerdem könnte ein Zwilling auf eine Hochgeschwindigkeitsreise gehen und nach etwa fünf Jahren zurückkehren. Dort träfe er seinen auf der Erde verbliebenen Zwilling um etwa 50 Jahre gealtert an. Da bei Lichtgeschwindigkeit die Zeit stillsteht, reist ein Photon vom eigenen Standpunkt aus gesehen augenblicklich und unverzögert durch das Universum.

Am 30. Juni 1905 ging bei den
Annalen der Physik ein Aufsatz mit dem Titel »Zur Elektrodynamik bewegter Körper« ein, verfasst von einem jungen Patentbeamten namens Albert Einstein. Was er in dieser wegweisenden Schrift darlegte, ist heute als Spezielle Relativitätstheorie bekannt. Es sollte Jahrhunderte Newton'scher Physik über den Haufen werfen und zu einem der wichtigsten Schriftstücke in der Geschichte der Wissenschaft werden, doch zuvor musste die Physikergemeinde es verarbeiten und verdauen. Einstein veränderte mit seinem 30-seitigen Aufsatz unsere Auffassung von Raum und Zeit radikal. Seine Theorie basierte auf zwei Grundannahmen: Die Lichtgeschwindigkeit ist unabhängig von der Bewegung des Beobachters und die Gesetze der Physik gelten in identischer Weise für alle Beobachter, die sich bei konstanter Geschwindigkeit bewegen. Einstein widerlegte damit die lange vertretene Ansicht, Zeit und Raum seien absolut. Einsteins Beitrag wurde am 26. September 1905 veröffentlicht, doch es sollten Jahre vergehen, bis man seine Bedeutung allgemein anerkannte. Als einer der Ersten wurde sich Max Planck der Relevanz von Einsteins Abhandlung gewahr, und mit seiner Unterstützung wurde Einsteins Schrift in Deutschland schon bald anerkannt. Als 1907 Einsteins Mathematikprofessor das Konzept der Raumzeit vorstellte, führte seine geometrische Interpretation von Einsteins Theorie zu einer breiteren Akzeptanz.

VERWANDTE THEMEN
ABSCHIED VOM ÄTHER
Seite 58

GLEICHZEITIGKEIT
Seite 62

LÄNGE, ZEIT & MASSE
Seite 64

3-SEKUNDEN-BIOGRAFIEN
HENRI POINCARÉ
1854–1912
Französischer Mathematiker und theoretischer Physiker, der 1904 einer Theorie der Zeitdilatation sehr nahe kam

MAX PLANCK
1858–1947
Vater der Quantenphysik und früher Förderer von Einsteins spezieller Relativitätstheorie

30-SEKUNDEN-TEXT
Rhodri Evans

Die fixe Lichtgeschwindigkeit ermöglichte Einstein in seiner revolutionären Abhandlung die Aufrechterhaltung eines uneingeschränkten Konzepts von Raum und Zeit bei schneller Bewegung.

ABSCHIED VOM ÄTHER

Das 30-Sekunden-Quantum

Mit am umstrittensten bei der

Entstehung von Einsteins spezieller Relativitätstheorie (1905) ist die Rolle des Michelson-Morley-Experiments. 1887 wollten Albert Michelson und Edward Morley in Ohio den Einfluss des Äthers, in dem sich die Lichtwellen angeblich bewegten, auf die Lichtgeschwindigkeit experimentell nachweisen. Dabei maßen sie jedoch in zwei Richtungen im rechten Winkel zueinander keinen Geschwindigkeitsunterschied – entgegen ihren Erwartungen. Der Äther ist ein uraltes Konzept und geht auf das »fünfte Element« zurück, das nach Aristoteles den Himmel ausfüllte. Isaac Newton postulierte einen nicht greifbaren Äther, der Licht oder Gravitation trägt. Im 19. Jahrhundert betrachtete man ihn als Medium, das elektromagnetische Wellen transportiert, und Forscher wie Maxwell und Kelvin versuchten Modelle dafür zu entwerfen. Aber nach Einsteins Theorie bestand gar keine Notwendigkeit, sich auf einen lichttragenden Äther zu berufen, um die Eigenschaften des Lichts zu verstehen. Einstein selbst äußerte sich widersprüchlich, was den Einfluss des Michelson-Morley-Experiments auf seine Theorie betrifft. In seinem Aufsatz von 1905 wird sie nicht erwähnt, und 1954 sagte er, dass er sich nicht sicher sei, ob er überhaupt davon Kenntnis gehabt habe, als er seine Theorie entwickelte. Dennoch gibt es Hinweise, dass er von dem Experiment wusste und es seine frühen Gedanken zur Relativität beflügelte.

3-SEKUNDEN-QUÄNTCHEN
Die Spezielle Relativitätstheorie zeigte auf, dass kein immaterielles Medium namens Äther als Träger von Lichtwellen erforderlich ist.

3-MINUTEN-GEDANKE
Einstein hat nicht, wie allgemein behauptet wird, auf den Äther verzichtet, sondern nur dessen Gestalt geändert. Er betrachtete ein ätherähnliches Medium als grundlegend für die Gravitation. So schrieb er 1920: »Gemäß der Allgemeinen Relativitätstheorie ist ein Raum ohne Äther undenkbar.« Aber dieser neue Äther war für ihn keine »wägbare« Substanz, die aus konventionellen Teilchen besteht, sondern eine Art Feld. Heute wird eine derartige Sicht des »Äthers« in den Feldtheorien der Physik zusammengefasst.

VERWANDTE THEMEN
DER TRAUM VOM LICHT
Seite 54

RAUMZEIT
Seite 66

3-SEKUNDEN-BIOGRAFIEN
WILLIAM THOMSON, LORD KELVIN
1824–1907
Britischer Wissenschaftler und einer der glühendsten Befürworter des lichttragenden Äthers. Er vermutete, dass Atome Wirbel im Äther sind

EDWARD MORLEY
1838–1923
Amerikanischer Wissenschaftler, der auf dem Gebiet der Chemie und Optik tätig war und 1887 mit Michelson nach dem Einfluss des lichttragenden Äthers suchte

30-SEKUNDEN-TEXT
Philip Ball

Messungen der Geschwindigkeit des Lichts, das sich in unterschiedliche Richtungen durch den Äther bewegte, ergaben keinen Beweis für den Äther.

22. Juni 1864
Geburt in Aleksotas,
Russisches Reich (heute
Stadtteil von Kaunas,
Litauen), in eine
deutsch-jüdische Familie

1872
Umzug der Familie nach
Königsberg, um der
Verfolgung in Russland zu
entgehen

1880
Aufnahme eines Studiums
an der Universität
Königsberg

1882–1883
Wintersemester an der
Universität zu Berlin

1883
Verleihung des
Mathematikpreises der
Französischen Akademie
der Wissenschaften für
eine Abhandlung über die
Theorie der quadratischen
Formen

1885
Promotion an der
Universität Königsberg bei
Ferdinand von Lindemann

1887
Privatdozent an der
Universität Bonn

1892
Außerordentlicher
Professor an der
Universität Bonn

1894
Außerordentlicher
Professor an der
Universität Königsberg

1896
Dozent an der ETH Zürich,
wo Einstein seine
Mathematikvorlesungen
besucht

1897
Heirat mit Auguste Adler;
die beiden haben später
zwei Töchter

1902
Ordentlicher Professor in
Göttingen

1905
Seminar über Elektronen-
theorie und Diskussion
über das Konzept der
Raumzeit in Verbindung
mit Einsteins neu
veröffentlichter Spezieller
Relativitätstheorie

1907
Vorstellung des Konzepts
der Raumzeit, das Einsteins
Spezielle Relativitäts-
theorie für Nicht-Experten
zugänglicher macht

12. Januar 1909
Plötzlicher Tod durch
Blinddarmentzündung in
Göttingen, Deutsches
Kaiserreich

HERMANN MINKOWSKI

Hermann Minkowski war der

dritte Sohn von Lewin Minkowski und Rachel Taubmann. In Russland geboren, zog er mit der Familie im Alter von acht Jahren nach Königsberg. Bereits in der Schule glänzte er mit seinen mathematischen Fähigkeiten und wurde von dem Mathematiker Heinrich Weber von der Universität Königsberg entdeckt. Er interessierte sich für quadratische Formen, die meist mit einer Variable anzutreffen sind. Eine quadratische Form mit zwei Variablen (x und y) ist die Kreisgleichung, doch Minkowski untersuchte solche mit beliebiger Anzahl von Variablen.

Auch in seiner Dissertation befasste er sich mit diesen Formen. Er gewann ein Preisausschreiben der Französischen Akademie der Wissenschaften für die Lösungsansätze zu einer Formel über die Anzahl der Darstellungen einer Zahl durch fünf Quadrate. Von sich selbst sagte er, er könne die Algebra besser verstehen, wenn er sich geometrische Eigenschaften im mehrdimensionalen Raum vorstelle. 1889 erbrachte er den Beweis für den Minkowskischen Gitterpunktsatz, der zur Basis eines Zweigs der Zahlentheorie (Geometrische Zahlentheorie) wurde. 1896 wartete er mit einer geometrischen Methode auf, mit der sich zahlreiche Probleme in der Zahlentheorie, die sich mit den natürlichen Zahlen, Ganzzahlen und Primzahlen befasst, lösen ließen.

Zweimal hatte Minkowski intensiver mit Einstein zu tun. Als Studenten unterrichtete er ihn in Zürich in Mathematik und schrieb später über ihn: »Er ist ein fauler Hund, sicherlich sehr intelligent, aber von Mathematikkenntnissen überhaupt nicht belastet.« In Göttingen traf Minkowski zum zweiten Mal auf Einstein und wusste nun die Fähigkeiten seines ehemaligen Studenten wohl besser zu würdigen. Minkowski hatte die Arbeit von Hendrik Lorentz und Einstein mitverfolgt und festgestellt, dass man von Einsteins Gleichungen der Speziellen Relativitätstheorie ein geometrisches Abbild erstellen konnte. So präsentierte er 1907 als geometrische Beschreibung von Einsteins Gleichungen der Speziellen Relativitätstheorie das Konzept der vierdimensionalen Raumzeit, des Minkowski-Raums. Darin hat jedes Ereignis drei Raumdimensionen (x, y, z) und eine vierte Zeitdimension (t). So können Raumzeitdiagramme erstellt werden, die meist zur Vereinfachung nur eine oder zwei räumliche Dimensionen zeigen und mit denen sich die Relativität von Länge, Zeit und Gleichzeitigkeit für verschiedene Beobachter visualisieren lässt.

Minkowski wandte sich darauf erneut den quadratischen Formen zu und arbeitete auch zu verschachtelten »Kettenbrüchen« der Form $x = 1/(a+(1/b+(1/c+(...)))$. Am meisten aber erinnert man sich an seine Arbeit zur Raumzeit und seine allgemeinere Zahlengeometrie. Minkowski starb 1909 plötzlich an akuter Blinddarmentzündung. Er wurde nur 44 Jahre alt.

Rhodri Evans

GLEICHZEITIGKEIT

Das 30-Sekunden-Quantum

3-SEKUNDEN-QUÄNTCHEN
Finden zwei Ereignisse A und B nicht am selben Ort statt, hängt ihre Gleichzeitigkeit von der relativen Bewegung des Beobachters in Bezug auf die beiden Ereignisse ab.

3-MINUTEN-GEDANKE
Die Relativität der Gleichzeitigkeit stellt unsere gesamte Vorstellung vom Verlauf der Zeit in Frage. Die Abfolge zweier Ereignisse A und B ist nicht länger absolut, denn zwei Beobachter können sich uneinig sein, welches Ereignis zuerst geschieht. Dies hat fundamentale Auswirkungen auf unsere Wahrnehmung, was jetzt stattfindet und was in der Vergangenheit stattgefunden hat.

In der Speziellen Relativitätstheorie ist nicht nur der Ablauf der Zeit relativ, sondern auch die Messung, ob zwei Ereignisse gleichzeitig ablaufen. Finden zwei Ereignisse A und B ohne räumliche Trennung statt, sind sich vermutlich alle Beobachter einig, welches zuerst eingetreten ist. Sind sie jedoch räumlich getrennt, können Beobachter unterschiedlicher Meinung sein, ob erst A oder B oder ob beide Ereignisse gleichzeitig stattgefunden haben. Stellen wir uns Anne vor, die in der Mitte eines Eisenbahnwagens sitzt. Sie lässt gleichzeitig zwei Lampen aufblitzen, eine zum vorderen Teil des Waggons, die andere zum hinteren. Im Augenblick des Aufblitzens fährt sie an einem Bahnsteig vorbei, auf dem Tim steht. Für einen kurzen Moment befinden sich Anne und Tim auf gleicher Höhe, und deshalb sind sie sich einig, dass Anne die Lichtstrahlen gleichzeitig ausgesendet hat. Anne stellt anschließend fest, dass die Strahlen das vordere und hintere Ende des Waggons gleichzeitig erreichen, Tim sieht das hingegen nicht. Für ihn bewegt sich das hintere Ende des Waggons auf das Licht zu, während das vordere sich von ihm entfernt. Somit kommt aus seiner Perspektive der Lichtblitz zuerst am hinteren Ende des Waggons an und erst danach am vorderen. Eine dritte Person, nennen wir ihn Jonas, der schneller als der Waggon in dieselbe Richtung unterwegs ist, wird denken, dass das Licht zuerst am vorderen Ende des Waggons ankommt.

VERWANDTE THEMEN
DER TRAUM VOM LICHT
Seite 54

ZUR ELEKTRODYNAMIK
BEWEGTER KÖRPER
Seite 56

LÄNGE, ZEIT & MASSE
Seite 64

3-SEKUNDEN-BIOGRAFIEN
HENDRIK LORENTZ
1853–1928
Niederländischer Physiker, der eine mathematische Form für die Relativität der Gleichzeitigkeit herleitete, die er Ortszeit nannte

DANIEL COMSTOCK
1883–1970
Amerikanischer Physiker und Ingenieur, der als Erster ein Gedankenexperiment zur anschaulichen Darstellung der Relativität der Gleichzeitigkeit präsentierte

30-SEKUNDEN-TEXT
Rhodri Evans

Ereignisse, die jemandem in einem fahrenden Zug als gleichzeitig erscheinen, sind es nicht für jemanden, der auf den Gleisen steht.

LÄNGE, ZEIT & MASSE
Das 30-Sekunden-Quantum

Einstein musste sich in seiner

Speziellen Relativitätstheorie von der überkommenen Ansicht lossagen, dass sich alle Beobachter in Bezug auf ihre Messungen von Länge und Zeit einig sind. Bewegen sich zwei Beobachter, nennen wir sie Lena und Lukas, relativ zueinander, so Einstein, werden zwar beide dieselbe Lichtgeschwindigkeit messen, sich aber bezüglich Messungen von Länge, Zeit oder Masse nicht einig sein. Ihre jeweiligen Werte würden aufgrund des unterschiedlichen Bezugsrahmens voneinander abweichen. Die Auswirkungen dieses Phänomens sind unerheblich, solange die Relativgeschwindigkeit von Lena und Lukas die Hälfte der Lichtgeschwindigkeit nicht überschreitet, gewinnen aber an Bedeutung, je näher sie der Lichtgeschwindigkeit kommt. Nimmt Lena nun Messungen in Bezug auf Lukas vor, werden diese ergeben, dass sein 90-Zentimeter-Lineal kürzer als ihr eigenes mit derselben angegebenen Länge ist – das nennt man Längenkontraktion. Ebenso wird sie feststellen, dass seine Uhr etwas langsamer als ihre eigene Uhr tickt – aufgrund der Zeitdilatation. Drittens wird sie der Meinung sein, dass Massen in Lukas' Bezugsrahmen im Vergleich zu solchen in ihrem eigenen Bezugsrahmen größer geworden sind. Da die spezielle Relativität symmetrisch ist, wird Lukas seinerseits denken: Bei Lena sind die Längen kürzer, die Sekunden länger und die Massen im Vergleich zu seinem Bezugsrahmen größer. Länge, Zeit und Masse sind immer relativ.

VERWANDTE THEMEN
ZUR ELEKTRODYNAMIK
BEWEGTER KÖRPER
Seite 56

GLEICHZEITIGKEIT
Seite 62

RAUMZEIT
Seite 66

3-SEKUNDEN-QUÄNTCHEN
Da nahe der Lichtgeschwindigkeit Längen kürzer, die Zeit langsamer und Massen schwerer werden, musste Einstein, um für alle Beobachter dieselbe Lichtgeschwindigkeit zu messen, die Absolutheit von Raum und Zeit aufgeben.

3-MINUTEN-GEDANKE
Durch die Auswirkungen der Zeitdilatation bzw. der Längenkontraktion – zwei Seiten derselben Medaille – steht die Zeit für ein Photon, das mit Lichtgeschwindigkeit unterwegs ist, still, während der Raum auf Nullgröße schrumpft. Aus dieser Perspektive ist ein Photon deshalb überall im Universum gleichzeitig! Wenn wir mit annähernder Lichtgeschwindigkeit reisen könnten, könnten wir wegen der Zeitdilatation Langstrecken-Raumflüge unternehmen.

3-SEKUNDEN-BIOGRAFIEN
GEORGE FITZGERALD
1851–1901
Irischer Physiker, der 1889 das Konzept der »Längenkontraktion« entwickelte, um das Ergebnis des Michelson-Morley-Experiments zu erklären, das keine Bewegung durch den Äther nachweisen konnte

HENDRIK LORENTZ
1853–1928
Niederländischer Physiker, der zur Erklärung des Michelson-Morley-Experiments postulierte, dass sich Längen verkürzen

30-SEKUNDEN-TEXT
Rhodri Evans

Die spezielle Relativität macht die Messung von Zeit, Länge und Masse abhängig von der Bewegung des Beobachters.

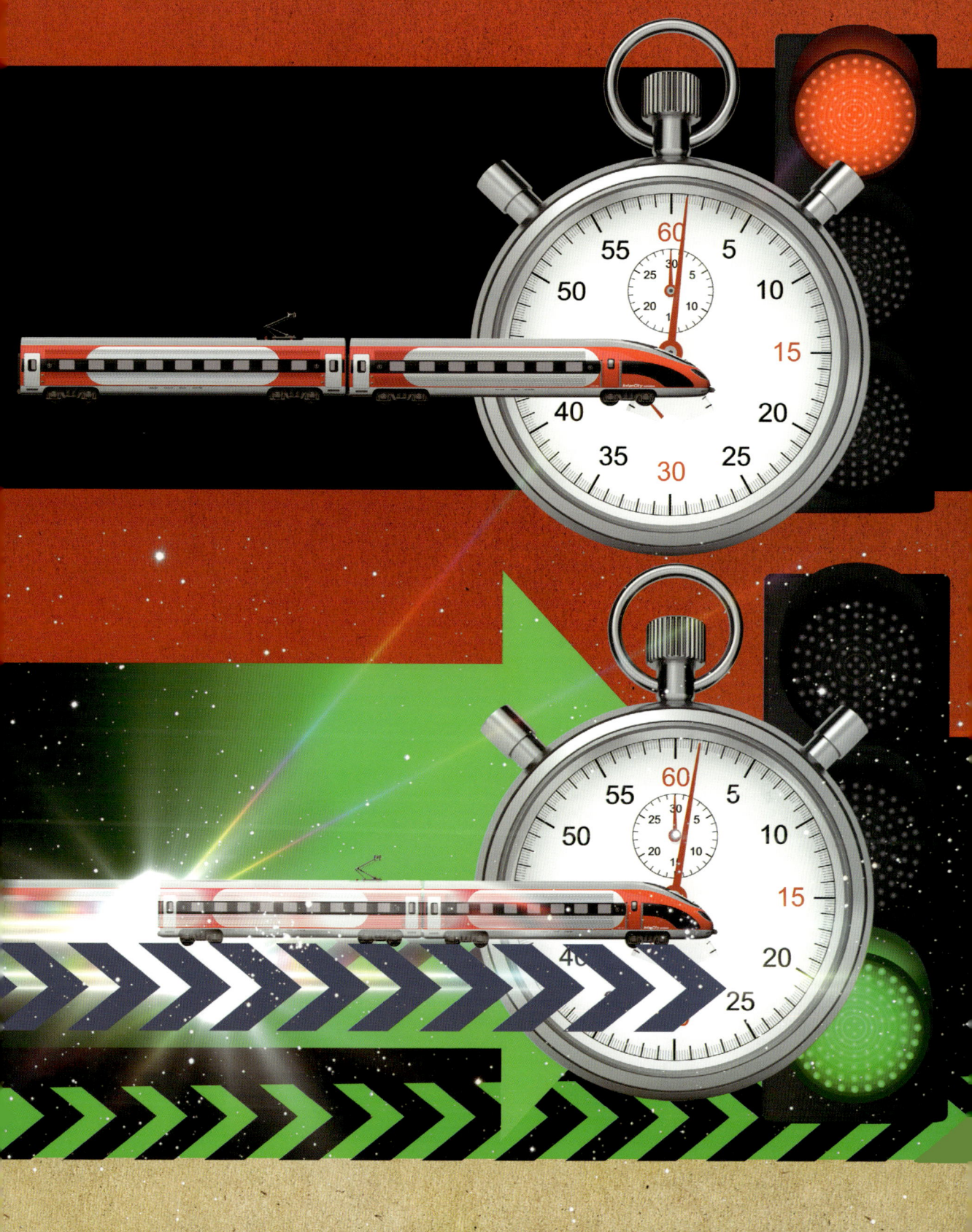

RAUMZEIT
Das 30-Sekunden-Quantum

In der speziellen Relativität hängt

die Gleichung, mit der eine Länge im Bezugsrahmen A berechnet wird, von den Maßen von Länge und Zeit im Bezugsrahmen B ab. Auch für die Messung der Zeit im Bezugsrahmen A gilt, dass sie von den Maßen von Länge und Zeit im Bezugsrahmen B abhängt. Einstein zeigte damit auf, dass Raum und Zeit in enger Verbindung stehen. 1907 entwickelte Hermann Minkowski das vierdimensionale Modell der Raumzeit, das die drei Dimensionen des Raumes und eine Dimension der Zeit umfasst. Ein Vorteil der Raumzeit ist, dass sie uns die Visualisierung der Effekte der speziellen Relativität ermöglicht. Dabei liegt der Raum meist auf der horizontalen x-Achse, die Lichtgeschwindigkeit multipliziert mit der Zeit (*ct* – ergibt ebenfalls eine Länge) auf der vertikalen y-Achse. Bewegen sich aber die Bezugsrahmen A und B relativ zueinander, verlagern sich ihre Achsen. Für Anne stehen ihre x- und ct-Achsen im rechten Winkel zueinander, während sie Jonas' Achsen *x'* und *ct'* wie in der Abbildung gegenüber als verlagert wahrnimmt. Kommt es an einem Punkt in Raum und Zeit zu einem Ereignis E, zeigt das Diagramm auf, dass Annes Messung seiner Position (horizontal gemessen) und seiner Zeit (vertikal gemessen) sich von Jonas' Messungen auf der x'- und ct'-Achse unterscheidet.

3-SEKUNDEN-BIOGRAFIEN
HERMANN MINKOWSKI
1864–1909
Deutscher Mathematiker und Einsteins Mathematikprofessor in Zürich, der Konzept sowie Diagramme der Raumzeit entwickelte, von denen Einstein anfangs nicht angetan war

JAMES JEANS
1877–1946
Englischer Astrophysiker, dessen Buch *Der Werdegang der exakten Wissenschaften* (deutsch 1948) die Entwicklung der Raumzeittheorie prägnant zusammenfasst

30-SEKUNDEN-TEXT
Rhodri Evans

Das Minkowski-Diagramm veranschaulicht die Eigenschaften der Raumzeit, die unsere Vorstellung von der Gravitation veränderte.

3-SEKUNDEN-QUÄNTCHEN
Die Raumzeit ist ein vierdimensionales Modell, mit dem sich die Effekte der speziellen Relativität grafisch darstellen lassen.

3-MINUTEN-GEDANKE
Die Raumzeit war für Einstein bei der Ausarbeitung der Allgemeinen Relativitätstheorie, seiner Theorie der Gravitation, von grundlegender Bedeutung. Dabei wurde das Konzept der Gravitation als Kraft von der Vorstellung verdrängt, dass Massen die Raumzeit krümmen: je größer ein Objekt, desto stärker die Krümmung. So ist zwar ein Satellit im Orbit bestrebt, sich auf einer geraden Bahn fortzubewegen, aber die Krümmung der Raumzeit, durch die er sich bewegt, zwingt ihn auf eine Kurvenbahn.

EINSTEIN & DIE WELT

Bindungsenergie Die Nukleonen im Atom bleiben trotz der Abstoßung zwischen den positiv geladenen Protonen beisammen. Dies liegt daran, dass die starke Wechselwirkung, die eine gegenseitige Anziehung der Nukleonen verursacht, wesentlich stärker ist als der Elektromagnetismus bei ihrer Annäherung. Die Bindungsenergie muss aufgebracht werden, um die Nukleonen voneinander zu trennen. Verschmelzen zwei leichte Atomkerne, ist die Bindungsenergie des neuen Kerns geringer als die Summe der Bindungsenergien der Ausgangskerne. Somit wird bei der Kernfusion Energie freigesetzt. Auch bei der Spaltung schwerer Kerne in zwei Teile ist die resultierende Gesamtbindungsenergie niedriger und Energie wird erzeugt.

Elektronenmikroskop In der Quantenphysik existiert keine Grenze zwischen Teilchen und Wellen. Erscheinungen wie das Licht, die man für Wellen gehalten hatte, verhalten sich wie Teilchen, und einige Teilchen, darunter Elektronen, wellenartig. Dies regte zur Entwicklung des Elektronenmikroskops an, bei dem an die Stelle des Lichtes des konventionellen Mikroskops ein Elektronenstrahl trat. Die Vergrößerung herkömmlicher Mikroskope ist durch die Wellenlänge des Lichts beschränkt, während sie bei Elektronenmikroskopen aufgrund der viel kürzeren Wellenlänge er Elektronen wesentlich stärker sein kann.

Kontrollierte Kernreaktion Die Entdeckung nuklearer Kettenreaktionen ermöglichte den Bau der Atombombe, ebnete aber auch den Weg für Kernreaktoren mit stetiger Wärmeproduktion für die Stromerzeugung in einem kontrollierten Prozess. Im Reaktor wird eine ausreichende Zahl von Kettenreaktionen zugelassen, um die Reaktion aufrechtzuerhalten, während Steuerstäbe mit speziellen Materialien überschüssige Neutronen absorbieren, sodass die Reaktion nicht außer Kontrolle gerät.

Linearbeschleuniger Ein in den 1920er-Jahren entwickelter Apparat, der unter Einsatz eines elektrischen Wechselfeldes elektrisch geladene Teilchen wie Elektronen und Protonen auf extrem hohe Geschwindigkeiten beschleunigt. Durch sorgfältige Anordnung von Elektroden kann das Feld die Teilchen wiederholt beschleunigen, bevor sie einschlagen. Anwendungsgebiete sind die Erzeugung von Röntgenstrahlen oder das Studium neuer Teilchen, die durch die Kollision entstanden sind.

Das Manhattan-Projekt Das 1942 ins Leben gerufene Manhattan-Projekt war ein streng geheimes Vorhaben der USA zum Bau der Atombombe, benannt nach dem Aufenthaltsort der Ingenieure bei seinem Start. Tausende arbeiteten und forschten an zahlreichen Standorten – der bekannteste ist wohl Los Alamos in New Mexico, wo die Bomben entwickelt wurden. Unter den Mitarbeitern des Manhattan-Projekts befanden sich zahlreiche führende Physiker, nicht aber Albert Einstein.

Nukleon Ein Oberbegriff für ein Teilchen im Atomkern, d. h. ein Proton oder Neutron. Protonen sind positiv geladen, Neutronen negativ – bei sehr ähnlicher Masse. An der Anzahl der Protonen im Kern erkennt man das betreffende Element, an der Neutronenzahl, von der je nach Element nur bestimmte möglich sind, seine Isotope.

Zweiter Hauptsatz der Thermodynamik Die auf der Wechselwirkung der Atome in einem Stoff gründenden »Gesetze der Thermodynamik« sollten ursprünglich dazu dienen, die Arbeitsweise von Dampfmaschinen zu verbessern, erwiesen sich aber als zentral für das Verständnis der Energie. Der zweite Hauptsatz besagt, dass in einem geschlossenen System, in dem Energie weder eindringen noch entweichen kann, Wärme von einem Körper mit höherer auf einen mit niedrigerer Temperatur übergeht. Somit nimmt die Entropie (eine Zustandsgröße) zu, denn das Gesetz besagt, dass das Maß der Unordnung in einem Körper (seine Entropie) gleich bleibt oder mit der Zeit zunimmt. Eine dauerhafte Senkung kann nur erreicht werden, indem man dem System Energie zuführt.

Zyklotron Linearbeschleuniger können nicht von beliebiger Länge sein: Der längste misst etwa drei Kilometer. In den frühen 1930er-Jahren stellten die Wissenschaftler jedoch fest, dass sie die beschleunigten Teilchen mithilfe eines Magnetfeldes in eine Spiralbahn lenken und so eine viel größere Beschleunigung auf kleinem Raum erreichen konnten. Zyklotrone führten zu zahlreichen Entdeckungen, wurden aber in den 1950er-Jahren durch Synchrotrone ersetzt, die den beschleunigten Strahl auf konstanter Bahn hielten, indem das Feld auf die Geschwindigkeit des Strahls synchronisiert wurde. Ein Beispiel für ein Synchrotron ist der Große Hadronen-Speicherring (LHC) am Europäischen Kernforschungszentrum (CERN) bei Genf.

ZUR ENERGIE & TRÄGHEIT DER KÖRPER

Das 30-Sekunden-Quantum

Der vierte von Einsteins rich-

tungsweisenden Aufsätzen von 1905, als er beim Schweizer Patentamt arbeitete, trug den für Einstein bezeichnenden rätselhaften Titel: »Ist die Trägheit eines Körpers von seinem Energieinhalt abhängig?«. Der am 27. September an die *Annalen der Physik* übermittelte und am 21. November veröffentlichte kurze Artikel hatte im Manuskript einen Umfang von nur wenig mehr als einer Seite. Aufbauend auf seiner Abhandlung zur speziellen Relativität folgerte Einstein mit relativ einfacher Mathematik, dass sich die kinetische Energie eines Körpers infolge der Abstrahlung von Licht reduziert, wobei das Ausmaß des Energieabfalls in keinem Zusammenhang mit den Eigenschaften des betreffenden Körpers steht. Einstein berechnete, dass die Verringerung der kinetischen Energie $\frac{1}{2}xv^2$ beträgt, wobei x für E/c^2 steht (E bezeichnet die Energie des abgegebenen Lichtes, c die Lichtgeschwindigkeit). Vielleicht erinnern wir uns noch an die Gleichung $K = mv^2$ aus Schulzeiten: Damit wird die kinetische Energie eines sich bewegenden Körpers aus Masse und Geschwindigkeit hergeleitet. Verringert sich bei gleichbleibender Geschwindigkeit die kinetische Energie um xv^2, so hat der Körper x (E/c^2 bei der Lichtenergie) an Masse verloren. Mit $m = E/c^2$ sind wir nun aber bei einer Formel angelangt, die sich mühelos zur weltberühmten Gleichung $E = mc^2$ umwandeln lässt, die jedoch so in der Abhandlung nicht angeführt wird.

VERWANDTE THEMEN
E=MC²
Seite 74

EINSTEINS GLEICHUNG WIRD REALITÄT
Seite 80

3-SEKUNDEN-BIOGRAFIEN
MICHELE BESSO
1873–1955
Schweizer Ingenieur, der wie Einstein beim Schweizer Patentamt in Bern arbeitete und ihm, wie er selbst schreibt, 1905 bei seinen Arbeiten treu zur Seite stand

MAURICE SOLOVINE
1875–1958
Rumänischer Mathematiker, neben Einstein und Conrad Habicht Mitglied der Diskussionsgruppe *Akademie Olympia*, in der Einsteins Konzepte vor 1905 diskutiert wurden

---

30-SEKUNDEN-TEXT
Brian Clegg

Gemäß Einsteins berühmter Gleichung liefert die Umwandlung von Masse in Energie den Brennstoff für Sterne wie die Sonne.

3-SEKUNDEN-QUÄNTCHEN
In seinem vierten Aufsatz von 1905 griff Einstein seine Annahmen zur Speziellen Relativitätstheorie auf und legte dar, dass die Abstrahlung von Lichtenergie zu einer Verringerung der Masse führt.

3-MINUTEN-GEDANKE
Einsteins Ergebnis war anfangs rein theoretischer Natur, auch wenn es sich unmittelbar aus einer Kombination der Maxwell'schen Gleichungen und der unveränderlichen Lichtgeschwindigkeit ergab. Einstein bemerkte jedoch zum Schluss seines kurzen Aufsatzes: »Es ist nicht ausgeschlossen, dass eine Prüfung der Theorie bei Körpern, deren Energieinhalt in hohem Maße veränderlich ist (z. B. bei den Radiumsalzen), gelingen wird. Wenn die Theorie den Tatsachen entspricht, so überträgt die Strahlung Trägheit zwischen den emittierenden und absorbierenden Körpern.«

E = MC²

Das 30-Sekunden-Quantum

E = mc² ist die wohl berühmteste
Gleichung der Physik, die sogar im Text populärer
Songs auftaucht. Das E in der Gleichung steht für
Energie, das m für Masse, und c^2 für die Lichtgeschwindigkeit c multipliziert mit sich selbst. Auch
als Äquivalenz von Masse und Energie bekannt, ist
die Formel ein nachträglicher Einfall Einsteins zu
seiner Speziellen Relativitätstheorie. Sie zeigt die
fundamentalen Zusammenhänge zwischen Masse
und Energie auf. Ein Objekt verfügt, auch wenn es
sich nicht bewegt, über eine gewisse innewohnende
Energie, die als Ruheenergie bezeichnet wird. Da
die Lichtgeschwindigkeit von immenser Größe ist,
weist selbst eine kleine Masse eine riesige innere
Energiemenge auf, die man freisetzen kann. Beim
Verbrennen fossiler Brennstoffe wie Kohle geschieht
die Energiefreisetzung durch die Veränderung der
chemischen Bindung in der Kohle. Der Kohlenstoff
in der Kohle verbindet sich mit dem Sauerstoff in der
Luft zu Kohlendioxid. Bei diesem Vorgang kommt es
jedoch zu keinem wirklichen Masseverlust. Bei der
Umwandlung von Masse zu Energie wird dagegen
eine enorme Energiemenge freigesetzt. So enthält
ein einziges Gramm Materie ein Energieäquivalent
von 90 Billionen Joule, was der Energie entspricht,
die beim Verbrennen von 3000 Tonnen Kohle erzeugt
wird.

VERWANDTE THEMEN
ZUR ELEKTRODYNAMIK
BEWEGTER KÖRPER
Seite 56

ZUR ENERGIE UND TRÄGHEIT
DER KÖRPER
Seite 72

3-SEKUNDEN-QUÄNTCHEN
Die berühmteste Gleichung
der Physik besagt, dass
Masse und Energie äquiva-
lent sind und die Umwand-
lung von Masse eine große
Menge Energie freisetzt.

3-MINUTEN-GEDANKE
Die Energie der Sonne wird
durch die Kernfusion von
Wasserstoff zu Helium
in ihrem Kern erzeugt.
Dasselbe Prinzip liegt
der Wasserstoffbombe
zugrunde, aber eine kon-
trollierte Fusionsreaktion
übersteigt derzeit noch unsere technischen Möglich-
keiten. Sobald wir die entsprechenden Technologien
entwickelt haben, werden
wir den Wasserstoff im
Wasser als Kraftstoff
einsetzen können, sodass
uns beinahe unbegrenzte
Energiereserven aus den
Ozeanen der Welt zur Ver-
fügung stehen werden.

3-SEKUNDEN-BIOGRAFIEN
HENRI POINCARÉ
1854–1912
Französischer Physiker, der be-
hauptete, dass bei der kinetischen
Energie eines Objekts durch den
Wechsel des Bezugssystems ein
Paradoxon entsteht, das eine
andere Energie verhindern müsse

JOHN COCKROFT
1897–1967
Britischer Physiker, der mit Ernest
Walton das erste Transmutations-
experiment durchführte, bei dem
Lithium durch Bestrahlung mit
Protonen in je zwei Heliumkerne
aufgespalten wurde

30-SEKUNDEN-TEXT
Rhodri Evans

*c^2 in der Gleichung
bedeutet, dass etwa
bei der Kernspaltung
schon wenig Materie
exponential mehr
Energie erzeugt als bei
chemischen Reaktionen.*

KETTENREAKTION
Das 30-Sekunden-Quantum

3-SEKUNDEN-QUÄNTCHEN
Kernenergie entsteht bei
einem Prozess, bei dem die
während des radioaktiven
Zerfalls erzeugten Neutronen andere Atome spalten
und weitere Neutronen und
Energie freisetzen.

3-MINUTEN-GEDANKE
Der Begriff »Atombombe«
wurde vom Science-
Fiction-Autor H. G. Wells
geprägt, der 1914, gestützt
auf die Arbeiten von
Rutherford und anderen,
in seinem Roman *Befreite
Welt* die Zukunft der Welt
voraussagte. Winston
Churchill , ein Fan dieses
Buchs, schrieb 1924 in
einem Artikel über Atom-
bomben. Und Leo Szilárd
las den Roman von Wells
zwei Jahre bevor er herausfand, wie eine solche
Bombe hergestellt werden
könnte.

Dass das Atom in seinem Inneren

eine gewaltige Energiemenge barg, wurde schon bald
nach der Entdeckung der Radioaktivität deutlich,
noch vor der vollständigen Entschlüsselung seines
Aufbaus. 1903 schätzten Ernest Rutherford und Fre-
derick Soddy, wie viel Energie von radioaktiv zerfallen-
den Atomen allmählich freigesetzt wird, und Rutherford kam zu dem Schluss: Wenn es gelänge, sie auf
einmal freizusetzen, könnte irgendein Narr in einem
Labor versehentlich das Universum in die Luft spren-
gen. Aber ist das wirklich möglich? Etwa ein Jahr-
zehnt später zeigte sich, woher die Energie stammte:
Es ist die Bindungsenergie des Atomkerns, die bei
der Umwandlung auch nur eines kleinen Bruchteils
der Masse von Protonen und Neutronen im Kern zu
Energie erzeugt wird – gemäß Einsteins berühmter
Gleichung $E=mc^2$. Sie würde durch die »Spaltung des
Atoms« freigesetzt – das Aufbrechen des Kerns bei
der Kollision mit einem anderen Teilchen. Das 1932
entdeckte Neutron war dafür das ideale Projektil.
1934 folgerte Leo Szilárd, dass dies der Schlüssel zum
selbsterhaltenden nuklearen Zerfall sein könnte, bei
dem Atomenergie freigesetzt würde. Wenn es ein
Atom gibt, das sich mit Neutronen spalten lässt und
beim Zerfall weitere Neutronen ausstößt, kommt es
zu einer Kettenreaktion. Verläuft sie langsam, stellt
sie eine Energiequelle dar. Erfolgt sie dagegen auf
einmal, hat man eine Bombe.

VERWANDTE THEMEN
$E = MC^2$
Seite 74

EINSTEINS GLEICHUNG WIRD
REALITÄT
Seite 80

DER BRIEF AN ROOSEVELT
Seite 82

3-SEKUNDEN-BIOGRAFIEN
ERNEST RUTHERFORD
1871–1937
Physiker aus Neuseeland,
dessen Experimente Aufschluss
über den Aufbau des Atoms und
seines Kerns gaben

LEO SZILÁRD
1898–1964
Ungarisch-amerikanischer Physiker, der in England als Erster
eine nukleare Kettenreaktion in
Gedanken fasste und 1934 dafür
ein Patent beantragte

30-SEKUNDEN-TEXT
Philip Ball

*Bei der Atombombe
spaltet die Energie
der Kernspaltung in
einer Kettenreaktion
weitere Atome, wodurch
enorme Energiemengen
freigesetzt werden.*

11. Februar 1898
Geburt in Budapest

1917
Eintritt in die österreichisch-ungarische Armee, unterbricht das Studium

1919
Umzug nach Berlin, wo er bei Einstein Physik studiert

1922
Promotion mit einer Arbeit zur Thermodynamik

1926
Entwicklung eines neuartigen Kühlschranks mit Albert Einstein

1933
Umzug nach London nach Hitlers Machtergreifung

1934
Beantragung eines Patents für die nukleare Kettenreaktion

1938
Umzug nach New York, wo er an der *Columbia University* arbeitet

1939
Abfassung des von Einstein unterzeichneten Briefs an Roosevelt

1942
Umzug nach Chicago, dort Zeuge der ersten kontrollierten Kernreaktion

1945
Erfolglose Petition gegen den Abwurf der Atombombe in letzter Minute

1948
Verlagerung des Schwerpunkts seiner wissenschaftlichen Forschung von der Physik zur Biologie

1963
Mitglied des *Salk Institute for Biological Studies* in Kalifornien

30. Mai 1964
Tod in La Jolla, Kalifornien

schrank ohne bewegliche Teile.

1933 zog Szilárd nach London. Kurz darauf las er in einem Zeitungsartikel, der Lord Rutherford zitierte, dass die Vorstellung von Kernenergie ein Hirngespinst sei. Um Rutherfords Einwände auszuräumen, entwickelte Szilárd das Konzept der nuklearen Kettenreaktion und machte sich auf die Suche nach deren praktischer Anwendung. Diese dauerte jedoch noch bis 1939 an. Zu der Zeit war er an der *Columbia University* in New York angestellt, wo er erstmals von der Uranspaltung hörte. Er wusste sofort, dass damit die Grundlage für eine selbsterhaltende Kettenreaktion geschaffen war – und damit für die zerstörerischste Bombe, die die Welt je gesehen über Japan abzuwerfen. Die Petition wurde im Juli 1945 eingereicht, doch schon im Folgemonat kamen zwei Atombomben in Japan zum Einsatz.

Szilárd wurde zwei Mal für den Nobelpreis nominiert, erhielt ihn jedoch nie. Nach dem Krieg wechselte Szilárd von der Physik zur Biologie. Er verbrachte seine letzten Jahre als Mitglied des neu gegründeten *Salk Institute for Biological Studies* in La Jolla, Kalifornien, wo er 1964, im Alter von 66 Jahren, an einem Herzinfarkt starb.

Andrew May

EINSTEINS GLEICHUNG WIRD REALITÄT

Das 30-Sekunden-Quantum

3-SEKUNDEN-QUÄNTCHEN
Spaltung und Fusion sind Kernreaktionen, bei denen sich Atomkerne spalten bzw. verschmelzen und Masse verloren geht, die nach der Formel $E = mc^2$ in Energie umgewandelt wird.

3-MINUTEN-GEDANKE
Die Formel $E=mc^2$ ist zwar eine nützliche Methode zur Berechnung der bei Kernreaktionen freigesetzten Energie, inspirierte aber nie unmittelbar zum Bau von Atombomben. Schon frühe Versuche machten deutlich, wie viel Energie bei der Spaltung oder Verschmelzung von Atomen freigesetzt wird, und die 1939 erfolgte Entdeckung einer Kettenreaktion, die diese Energie spontan freizusetzen vermochte, hätte sicher auch stattgefunden, wenn man Einsteins Äquivalenz von Masse und Energie bereits begriffen hätte. Somit war Einstein zu keiner Zeit der »Vater der Bombe«.

Die 1896 in Paris entdeckte Radioaktivität gab viele Rätsel auf. Die Strahlen und Teilchen, die radioaktive Substanzen wie Uran in jedwelchem Aggregatzustand abgeben, ließen auf eine fast unerschöpfliche, im Atom selbst verborgene Energiequelle schließen. Man kam allmählich zu dem Schluss, dass es sich dabei um die Bindungsenergie handelt, die die Nukleonen (Protonen und Neutronen) im Atomkern zusammenhält. Bei Kernen, die schwerer als Eisen sind, nimmt die Bindungsenergie pro Nukleon ab, je schwerer sie sind: Atomkerne gewinnen an Stabilität, indem sie Nukleonen durch radioaktiven Zerfall abgeben, oder aber indem sie sich durch Kernspaltung trennen. Bei Atomkernen, die leichter als Eisen sind, wächst die Bindungsenergie pro Nukleon, je schwerer sie sind, und die Nukleonen erlangen Stabilität durch Fusion. Sowohl bei der Kernspaltung schwerer Atome wie Uran als auch bei der Kernfusion leichter Atome wie Wasserstoff wird Energie freigesetzt. Die Masse der Produkte dieser Prozesse ist geringer als die ursprüngliche Gesamtmasse der Nukleonen. Der Massenunterschied lässt sich mit Einsteins Formel $F = mc^2$ in die freigesetzte Energie umrechnen – so bei der Kernspaltung in Kernreaktoren oder frühen Atombomben. Bei der Kernfusion in thermonuklearen Wasserstoffbomben oder bei der Verschmelzung von Wasserstoff zu Helium und anderen Elementen in Sternen wird deutlich mehr Energie erzeugt.

VERWANDTE THEMEN
ZUR ELEKTRODYNAMIK BEWEGTER KÖRPER
Seite 56

KETTENREAKTION
Seite 76

DER BRIEF AN ROOSEVELT
Seite 82

3-SEKUNDEN-BIOGRAFIEN
LISE MEITNER
1878–1968
Österreichische Physikerin, die mit Otto Frisch die experimentelle Entdeckung der Uranspaltung im Rahmen der Kernspaltung erklärte

ENRICO FERMI
1901–1954
Italienischer Physiker, der 1942 in Chicago den ersten funktionierenden Kernspaltungsreaktor (»Chicago Pile«) baute

30-SEKUNDEN-TEXT
Philip Ball

Mit einer kontrollierten nuklearen Kettenreaktion wird in einem Kernreaktor beständig Energie erzeugt, um Wasser zu erwärmen und Strom zu erzeugen.

DER BRIEF AN ROOSEVELT

Das 30-Sekunden-Quantum

Als Einsteins Freund Leo Szilárd

1938 von der Entdeckung der Uranspaltung hörte, wusste er sofort, dass damit in Verbindung mit seinem Konzept der nuklearen Kettenreaktion der Weg zu einer völlig neuartigen, absolut verheerenden Waffe geebnet war. Er befürchtete, dass Nazideutschland eine solche entwickeln könnte, und so hatte für ihn oberste Priorität, den Zugriff auf Uranerz durch die Deutschen zu verhindern. Eine Hauptquelle dieses Erzes befand sich in Belgisch-Kongo, und Belgien war von einer Invasion durch die Deutschen bedroht. Da er wusste, dass Einstein freundschaftliche Beziehungen zur belgischen Königsfamilie unterhielt, bat Szilárd ihn um Unterstützung. Einstein war entsetzt über die Vorstellung einer Atombombe – ihm war diese Anwendung seiner Theorie nie in den Sinn gekommen – und entschlossen zu helfen, so gut er nur konnte. Die beiden entschieden sich dafür, die Belgier links liegen zu lassen und sich direkt an die US-Regierung zu wenden. Dabei wollten sie nicht nur vor der Bedrohung durch die Nationalsozialisten warnen, sondern auch die Notwendigkeit zur Einrichtung eines eigenen Forschungsprogramms hervorheben. Das Ergebnis war ein zweiseitiger Brief, verfasst von Szilárd und unterzeichnet von Einstein, der am 2. August 1939 an US-Präsident Roosevelt zugestellt wurde. Der Brief setzte Forschungen in Bewegung, die sechs Jahre später zum Abwurf der Atombomben auf Hiroshima und Nagasaki führten.

3-SEKUNDEN-QUÄNTCHEN
Einstein unterzeichnete einen von Leo Szilárd verfassten Brief, der den Präsidenten der Vereinigten Staaten auf das Potenzial atomarer Waffen hinwies.

3-MINUTEN-GEDANKE
Als unmittelbares Ergebnis von Einsteins Brief erfolgte im Oktober 1939 die Gründung eines Beratungsgremiums für Uranfragen (*Advisory Commitee on Uranium*). In weniger als drei Jahren wurde anschließend das gigantische und streng geheime Manhattan-Projekt auf die Beine gestellt, das zur Entwicklung der ersten Atomwaffen führte. Einstein wurde niemals zur Mitarbeit eingeladen, weil das FBI in ihm ein Sicherheitsrisiko sah. Seine pazifistischen Überzeugungen hätten ihm vermutlich ohnehin eine Teilnahme verwehrt.

VERWANDTE THEMEN
KETTENREAKTION
Seite 76

EINE STIMME FÜR DEN FRIEDEN
Seite 84

3-SEKUNDEN-BIOGRAFIEN
FRANKLIN DELANO ROOSEVELT
1882–1945
Von März 1933 bis zu seinem Tod am 12. April 1945 32. Präsident der Vereinigten Staaten von Amerika

LEO SZILÁRD
1898–1964
Ungarischer Physiker, der sich 1939 in den USA niederließ. 1933 erwähnte er als Erster die Möglichkeit einer nuklearen Kettenreaktion

30-SEKUNDEN-TEXT
Andrew May

US-Präsident Franklin Delano Roosevelt wurde von Einsteins Brief zum Manhattan-Projekt angeregt, in dessen Rahmen die ersten Kernwaffen gebaut wurden.

F.D. Roosevelt,
President of the United States,
White House
Washington, D.C.

Sir:

Some recent work by E. Fermi and L. Szilard, which has been communicated to me in manuscript, leads me to expect that the element uranium may be turned into a new and important source of energy in the immediate future. Certain aspects of the situation which has arisen seem to call for watchfulness and, if necessary, quick action on the part of the Administration. I believe therefore that it is my duty to bring to your attention the following facts and recommendations:

In the course of the last four months it has been made probable - through the work of Joliot in France as well as Fermi and Szilard in America - that it may become possible to set up a nuclear chain reaction in a large mass of uranium, by which vast amounts of power and large quantities of new radium-like elements would be generated. Now it appears almost certain that this could be achieved in the immediate future.

This new phenomenon would also lead to the construction of bombs, and it is conceivable - though much less certain - that extremely powerful bombs of a new type may thus be constructed. A single bomb of this type, carried by boat and exploded in a port, might very well destroy the whole port together with some of the surrounding territory. However, such bombs might very well prove to be too heavy for transportation by air.

The United States has only very poor ores of uranium in moderate quantities. There is some good ore in Canada and the former Czechoslovakia, while the most important source of uranium is Belgian Congo.

In view of this situation you may think it desirable to have some permanent contact maintained between the Administration and the group of physicists working on chain reactions in America. One possible way of achieving this might be for you to entrust with this task a person who has your confidence and who could perhaps serve in an inofficial capacity. His task might comprise the following:

a) to approach Government Departments, keep them informed of the further development, and put forward recommendations for Government action, giving particular attention to the problem of securing a supply of uranium ore for the United States;

b) to speed up the experimental work, which is at present being carried on within the limits of the budgets of University laboratories, by providing funds, if such funds be required, through his contacts with private persons who are willing to make contributions for this cause, and perhaps also by obtaining the co-operation of industrial laboratories which have the necessary equipment.

I understand that Germany has actually stopped the sale of uranium from the Czechoslovakian mines which she has taken over. That she should have taken such early action might perhaps be understood on the ground that the son of the German Under-Secretary of State, von Weizsäcker, is attached to the Kaiser-Wilhelm-Institut in Berlin where some of the American work on uranium is now being repeated.

Yours very truly,

(Albert Einstein)

EINE STIMME FÜR DEN FRIEDEN

Das 30-Sekunden-Quantum

VERWANDTE THEORIE
DER BRIEF AN ROOSEVELT
Seite 82

3-SEKUNDEN-BIOGRAFIE
BERTRAND RUSSELL
1872–1970
Britischer Philosoph und
Pazifist, der im Ersten Weltkrieg
wegen Kriegsdienstverweige-
rung inhaftiert war

30-SEKUNDEN-TEXT
Andrew May

3-SEKUNDEN-QUÄNTCHEN
Einstein war ein erklärter
Pazifist, der die Abrüstung
befürwortete, Menschen
unterstützte, die den Mi-
litärdienst verweigerten,
und auf die Gefahren eines
Atomkriegs hinwies.

3-MINUTEN-GEDANKE
Einsteins Pazifismus geriet
nur einmal ins Wanken,
als Deutschland nach der
Machtergreifung durch
Adolf Hitler 1933 zur mi-
litärischen Gefahr für
Nachbarländer wie Belgien
wurde. Zum Erstaunen der
Berichterstatter schlug
Einstein eine ganz neue
Tonart an und plädierte
für die Verteidigungs-
bereitschaft als einzige
realistische Antwort auf
die Aggressivität der Nazis.
Eine Schlagzeile in der
New York Times lautete:
»Einstein ändert seine pazifistischen Ansichten: Er rät
den Belgiern, sich gegen die
Bedrohung aus Deutsch-
land zu bewaffnen.«

Im Oktober 1914, zwei Monate

nach Ausbruch des Ersten Weltkriegs, veröffentlichten 93 deutsche Akademiker, darunter Max Planck,
einen durch und durch militaristischen Aufruf, mit
dem sie Deutschlands Kriegsteilnahme verteidigen.
Von diesem »Manifest der 93« entsetzt, konterte
Einstein als engagierter Pazifist mit dem »Aufruf an
die Europäer«, in dem die sofortige Beendigung des
Konflikts gefordert wurde, den schließlich nur vier
Intellektuelle unterzeichneten. Einstein aber hatte
eine Berufung gefunden: Er blieb sein Leben lang
eine Stimme für den Frieden. Er befürwortete die
vollständige Abrüstung und ermutigte die Menschen
in aller Welt, nicht für ihr Land zu kämpfen. 1930 gab
er in einer Rede in New York zu bedenken, dass die
Regierungen all ihre Kriegspläne begraben müssten,
wenn nur zwei Prozent der Menschen den Militär-
dienst verweigerten. Diese Idee fand großen Anklang,
und Pazifisten in ganz Amerika trugen Anstecknadeln
mit der Aufschrift »2 per cent«. Vor dem Hintergrund
der Entwicklung der Atombombe, bei der Einstein
selbst nur eine kleine und dazu unbeabsichtigte
Rolle spielte, intensivierten sich seine Aufrufe zur
Abrüstung. Eine seiner letzten Handlungen, nur eine
Woche vor seinem Tod, war die Unterzeichnung des
Russell-Einstein-Manifests, einer mit dem Philosophen Bertrand Russell verfassten Stellungnahme, in
der sie die Gefahren von Nuklearwaffen hervorhoben
und zum Weltfrieden aufriefen.

*Die meiste Zeit seines
Lebens unterstützte
Einstein den Frieden,
und nach dem Zweiten
Weltkrieg schloss er
sich dem Aufruf nach
weltweiter nuklearer
Abrüstung an.*

EINSTEINS PATENT

Das 30-Sekunden-Quantum

3-SEKUNDEN-QUÄNTCHEN
Einstein ist als theo-
retischer Physiker welt-
bekannt, erfand 1926 aber
mit seinem Physikerkolle-
gen Leo Szilárd auch eine
neue Art Kühlschrank.

3-MINUTEN-GEDANKE
Kühlschränke scheinen ein
fundamentales Gesetz der
Physik zu brechen, nämlich
den zweiten Hauptsatz der
Thermodynamik, der be-
sagt, dass Wärme stets von
einem Körper mit höherer
zu einem Körper mit nied-
rigerer Temperatur strömt.
In einem Kühlschrank
gelangt sie dagegen von
der kälteren Innenseite
zur wärmeren Außenseite.
Der zweite Hauptsatz ist
aber nur auf geschlossene
Systeme anwendbar, und
da Energie von außen in
den Kühlschrank gelangt,
ist dieser in der Lage, die
Wärme nach außen zu
pumpen, ohne das Gesetz
zu brechen.

Wir stellen uns Einstein als welt-
fremden Theoretiker vor, aber seine Zeit im Schweizer
Patentamt war nicht seine einzige Erfahrung mit
Erfindungen. Zusammen mit seinem Physikerkollegen
Leo Szilárd entwickelte er nämlich einen Kühlschrank,
den sie patentieren ließen. Kühlschränke machen sich
die kühlende Wirkung der Verdunstung zunutze –
genau wie die Haut, wenn der Schweiß verdampft.
Die Pumpen der ersten Kühlschränke enthielten ein
giftiges Kühlmittel, und so war in den 1920er-Jahren
ein Leck der Grund für den Tod einer Familie in Berlin.
Diese Tragödie regte Einstein und Szilárd dazu an,
einen alternativen Mechanismus ohne bewegliche
Teile zu entwickeln, der bei konstantem Druck und
ohne hohe Kompression betrieben werden konnte.
So sollte die Gefahr eines Austretens gefährlicher
Stoffe erheblich reduziert werden. Obwohl vielfach
patentiert (u. a. US-Patent 1781541A), wurde der
Kühlschrank nie in großem Maßstab gebaut. Die
Technologie aber ist nach wie vor einsetzbar. Da sie
nur eine Wärmequelle erfordert, ist das Gerät ideal
für Situationen mit mangelhafter Stromversorgung.
Anstelle des Kompressors des herkömmlichen Kühlschranks kommt beim Einstein/Szilárd-Kühlschrank
ein Kältemittel zum Einsatz, das aus zwei Komponen-
ten besteht, von denen eine schnell und leicht aus
der Mischung extrahiert werden kann. So kommt es
zu einem plötzlichen Druckabfall, der für eine rasche
Verdunstung und Kühlung sorgt.

VERWANDTE THEMEN
AUSFLUG IN DIE STATISTISCHE
MECHANIK
Seite 18

VON PATENTEN ZUR
RELATIVITÄT
Seite 52

3-SEKUNDEN-BIOGRAFIE
LEO SZILÁRD
1898–1964
Ungarischer Physiker, der 1919
nach Deutschland zog und
deutscher Staatsbürger wurde.
Der große technische Erfinder
Szilárd entwickelte alleine
den Linearbeschleuniger, das
Zyklotron und das Elektronenmikroskop und zusammen mit
Einstein das Konzept für einen
neuartigen Kühlschrank.

30-SEKUNDEN-TEXT
Brian Clegg

*Ein Kühlschrank,
den er mit Leo
Szilárd entwickelte,
war Einsteins
persönlicher Beitrag
zum Fundus der
Patente, die er
einst selbst beim
Schweizer Patentamt
geprüft hatte.*

INVENTORS
Albert Einstein
Leo Szilard
BY
W. J. Oatland
their ATTORNEY

DER KAMPF MIT DEN QUANTEN

CERN 1952 wurde die Einrichtung einer europäischen Großforschungs-einrichtung für Teilchenphysik an der schweizerisch-französischen Grenze bei Genf mit dem Namen *Conseil européen pour la recherche nucléaire* (CERN) beschlossen. Die deutsche Bezeichnung der 1954 eröff-neten Forschungseinrichtung lautet *Europäische Organisation für Kernforschung*, der neben dem französischen ebenfalls offizielle englische Name *European Organization for Nuclear Research*. Das CERN führte zahl-reiche bedeutende Experimente durch und beherbergt mit dem Large Hadron Collider (Große Hadronen-Speicherring) den größten Teilchenbeschleuniger der Welt. Darüber hinaus ist die Forschungseinrichtung als Geburtsort des Internets bekannt.

Dekohärenz Quantenteilchen können in einen Superpositionszustand (eine Ver-schränkung) gebracht werden. Das bedeutet für den Quantenspin eines Teilchens, dass er zur gleichen Zeit beide Quantenzustände annehmen kann und damit eher eine Wahr-scheinlichkeit als eine Präferenz besteht, nach oben oder nach unten zu zeigen. Hin-gegen verhalten sich aus Quantenpartikeln bestehende Objekte »klassisch« – wie wir es in Übereinstimmung mit der traditionellen Physik erwarten dürfen. Dieses klassische Verhalten wird durch Dekohärenz erklärt – als Prozess, durch den ein mit seiner Umge-bung wechselwirkendes Quantenteilchen das individuelle Quantenverhalten verliert.

Verborgene Variable Wenn wir eine Messung zwei verschränkter Teilchen vornehmen und dabei herausfinden, dass der Spin des einen Teilchens nach unten zeigt, dann muss der andere nach oben zeigen. Vor der Messung befanden sich jedoch beide Teilchen in einem Superpositionszustand – sowohl auf als auch ab. Vergleichen wir dies mit einem Paar verschieden-farbiger Socken. Wenn wir die Socken trennen und eine anschauen, kennen wir sofort die Farbe der anderen. Aber sie sind nicht verschränkt, die Information war schon zuvor im System, nur verborgen. Einstein schlug vor, diese Idee auf die Quantenphysik anzuwenden: Werte wie die Spinrichtung werden danach vor der Trennung der verschränkten Teilchen festgesetzt – als ver-borgene Variablen. Experimente konnten jedoch keinen Nachweis für die Existenz verborgener Variablen erbringen.

Photon Ein Auslöser für die Entstehung der Quantenphysik war die Beobachtung, dass Licht in »Energiepaketen«, sogenannten Quanten, emittiert wird. Das Konzept der Quanten wurde darauf auf weitere Quantenentitäten angewendet, und für das Lichtquant bürgerte sich der Name »Photon« ein. Dieser Begriff diente zuvor bereits als Bezeichnung für eine

Einheit der Netzhautbeleuchtung, doch der amerikanische Chemiker Gilbert Lewis schlug ihn 1926 in der Zeitschrift *Nature* auch als Bezeichnung für das Lichtquant vor.

Quantum weirdness Ein inoffizieller Begriff, der die Natur der Quantenphysik beschreibt: Paradoxerweise verhalten sich Quanten ganz anders als die alltäglichen Makroobjekte, mit denen wir vertraut sind, obwohl diese aus Quanten bestehen.

Schrödingers Wellengleichung (Schrödingergleichung) Eine Wellengleichung ist eine mathematische Formel, welche die Art und Weise beschreibt, wie sich eine Welle im Laufe der Zeit ändert. Die Schrödingergleichung beschreibt, wie sich die Wahrscheinlichkeit, ein Teilchen an einer bestimmten Stelle aufzufinden, mit der Zeit ändert.

Solvay-Konferenzen Der belgische Geschäftsmann Ernest Solvay finanzierte eine Reihe von Konferenzen über Physik und Chemie. Einstein nahm an der ersten Physikkonferenz im Jahr 1911 und einigen der folgenden Konferenzen teil, so der fünften von 1927 zu Elektronen und Photonen, zu der Niels Bohr, Max Born, Louis de Broglie, Paul Dirac, Werner Heisenberg, Wolfgang Pauli, Max Planck und Erwin Schrödinger, allesamt herausragende Vertreter der Quantenphysik, eingeladen waren. Die Konferenzen finden bis heute statt.

Heisenbergsche Unschärferelation Das von Werner Heisenberg eingeführte Prinzip besagt, dass bestimmte Eigenschaften eines Quants so verknüpft sind, dass zwei Teilchen nicht gleichzeitig beliebig genau bestimmbar sind: Je genauer man eines kennt, desto weniger kann man über das andere erfahren. Das bekannteste Beispiel für ein Paar solcher Eigenschaften sind Ort und Impuls eines Teilchens. Dies ist ein grundlegendes Verhalten von Quanten.

Verschränkung 1935 stellten Einstein und einige Kollegen die Realität der Quantenphysik in Zweifel, indem sie auf ein äußerst merkwürdiges Ergebnis hinwiesen. Dieses Ergebnis wurde von dem österreichischen Physiker Erwin Schrödinger als »Quantenverschränkung« bezeichnet. Verschränkung bedeutet dabei, dass zwei Quantenteilchen in eine Wechselwirkung treten können, bei der eine Veränderung in einem Teilchen sofort im anderen reflektiert wird, wie weit sie auch immer voneinander entfernt sind.

BRIEFE AN BORN
Das 30-Sekunden-Quantum

Zwischen 1916 und 1955 korrespondierten Albert Einstein und sein Freund Max Born rege und tauschten sich über aktuelle Probleme der Wissenschaft sowie über Politik und Gesellschaftsfragen aus. Zuvor hatte Einstein die Quantentheorie lange Zeit unterstützt und eine Reihe wesentlicher Konzepte beigetragen. Doch als er und Born zu korrespondieren begannen, hatten sich bei Einstein schon Zweifel gemeldet, und im Laufe der Jahre brachte er diese immer wieder zum Ausdruck, u. a. mit einigen später berühmt gewordenen Kommentaren. Über die Verschränkung schrieb er: »Ich kann nicht ernsthaft an die [Quantentheorie] glauben, weil die Theorie nicht mit der Vorstellung versöhnt werden kann, dass die Physik eine Wirklichkeit in Zeit und Raum darstellen soll, ohne spukhafte Fernwirkungen.« Enttäuscht von den scheinbaren Zufälligkeiten im Herzen der Quantentheorie empörte er sich ferner: »Der Gedanke, dass ein einem Strahl ausgesetztes Elektron aus freiem Entschluss den Augenblick und die Richtung wählt, in der es fortspringen will, ist mir unerträglich. Wenn schon, dann möchte ich lieber Schuster oder gar Angestellter einer Spielbank sein als Physiker.« Und berühmt geworden ist folgende Bemerkung gegenüber Born: »Die Theorie liefert viel, aber dem Geheimnis des Alten bringt sie uns kaum näher. Jedenfalls bin ich überzeugt, dass *der* nicht würfelt.«

VERWANDTE THEMEN
VERBORGENE VARIABLEN
Seite 98

EPR
Seite 102

TRIUMPHE DER VERSCHRÄNKUNG
Seite 104

3-SEKUNDEN-BIOGRAFIE
MAX BORN
1882–1970
Deutscher Physiker, der einen bedeutenden Beitrag zur Quantentheorie leistete, für den er 1954 mit dem Nobelpreis für Physik ausgezeichnet wurde

30-SEKUNDEN-TEXT
Brian Clegg

3-SEKUNDEN-QUÄNTCHEN
Einstein stand über einen Zeitraum von 40 Jahren in regem Briefverkehr mit dem Quantenphysiker Max Born und entwickelte dabei seine Kritik der Quantentheorie und ihrer Auffassung von Wahrscheinlichkeit immer weiter.

3-MINUTEN-GEDANKE
Einstein richtete seine Beschwerden bezüglich der Quantenphysik nicht nur an Born, weil dieser auf dem betreffenden Feld arbeitete. Born interpretierte außerdem die Schrödingergleichung so, dass sie die Wahrscheinlichkeit für das Auffinden eines Teilchens an einer bestimmten Stelle prognostizierte. Somit war es Born, der die Wahrscheinlichkeit in der Quantenwelt etablierte. Als Folge hatte ein Teilchen vor der Messung keinen Platz und stellte nur eine Sammlung von Wahrscheinlichkeiten dar – ein Konzept, das Einstein entsetzte.

In Briefen an seinen Freund Max Born beschwerte sich Einstein über die von der Quantentheorie implizierte Zufälligkeit und sagte, falls dem so sei, wäre er lieber Schuster.

EINSTEINS ZWEIFEL
Das 30-Sekunden-Quantum

3-SEKUNDEN-QUÄNTCHEN
Einstein versuchte mit
einem Gedankenexperi-
ment die Fehlerhaftigkeit
der Quantentheorie auf-
zuzeigen, da die Fähigkeit
eines Elektrons, an »mehr
als einem Ort« zu sein, eine
sofortige Kommunikation
erfordern würde.

3-MINUTEN-GEDANKE
Bohr erwiderte auf
Einsteins Einwand, er fühle
sich in einer schwierigen
Lage, denn er verstehe
nicht, worin genau er
bestehe. Dennoch sei dies
zweifellos allein seine
Schuld. Für Bohr gab es gar
kein Problem, weil in der
Quantentheorie das Elek-
tron nur als eine Menge
von Wahrscheinlichkeiten
existierte, bis es tatsächlich eine Position einnahm.
Es bestand somit über-
haupt keine Notwendig-
keit, anderen Teilen des
Bildschirms mitzuteilen,
nicht zu glühen, weil nur
Wahrscheinlichkeiten im
Raum standen.

Obwohl Einstein einer der Be-
gründer der Quantentheorie war, zweifelte er
zunehmend daran, dass die Wirklichkeit derart auf
Wahrscheinlichkeiten statt auf festen, wenn auch
unbekannten Werten basierte. Im Laufe der Jahre
forderte er den Physikerkollegen und Quanten-
theoretiker Niels Bohr mit Gedankenexperimenten
heraus, die Fehler in der Quantentheorie aufzeigen
sollten. Auf der fünften Solvay-Konferenz in Brüssel
im Jahr 1927, die sich mit Elektronen und Photonen
beschäftigte, präsentierte Einstein ein Gedanken-
spiel, von dem er glaubte, es würde einen Problem-
punkt der Quantenphysik aufdecken. Er stellte sich
vor, einen Strahl von Elektronen auf einen Schlitz zu
feuern, wo sich die Teilchen wie Wellen krümmen
und ausbreiten würden, um hinter dem Schlitz an
verschiedenen Orten auf einen gebogenen Schirm
aufzutreffen. Nach der Quantentheorie konnte sich
ein bestimmtes Elektron, bis ein Punkt auf dem Bildschirm dafür aufleuchtete, an beliebiger Stelle auf
dem Bildschirm befinden – mit der Wahrscheinlichkeit, wie sie die Schrödingergleichung vorhersah.
Wäre dies allerdings der Fall, so Einstein, müsste eine
sofortige Kommunikation zwischen der Stelle, an der
das Elektron auftrifft, und dem Rest des Bildschirms
eintreten. Eine solche sofortige Kommunikation wäre
aber nicht durch die Spezielle Relativitätstheorie
gedeckt. Davon unbeeindruckt, verwarf Bohr das
Argument umgehend.

VERWANDTE THEMEN
BRIEFE AN BORN
Seite 92

DAS GEWICHT DES PHOTONS
Seite 96

EPR
Seite 102

3-SEKUNDEN-BIOGRAFIE
NIELS BOHR
1885–1962
Dänischer Physiker, der das
erste moderne Atommodell entwickelte und die Entwicklung
der Quantenphysik mitbestimm-
te, wofür er 1922 den Nobelpreis
erhielt

30-SEKUNDEN-TEXT
Brian Clegg

*In einem Gedanken-
experiment auf einer
Solvay-Konferenz
behauptete Einstein,
dass störende Teilchen
schneller als Licht
kommunizieren
müssten.*

DAS GEWICHT DES PHOTONS

Das 30-Sekunden-Quantum

3-SEKUNDEN-QUÄNTCHEN
Um die Quantentheorie
erneut in Frage zu stellen,
forderte Einstein Bohr zu
einem zweiten Gedanken-
experiment heraus, mit
dem er die Unschärferela-
tion zu widerlegen suchte,
aber Bohr fand einen Fehler
im Experiment.

3-MINUTEN-GEDANKE
Um Einsteins Fehler auf-
zudecken, stellte sich Bohr
eine konkrete Versuchs-
anordnung vor, bei der
eine Schachtel an einer
Federwaage hängt. Wird
das Photon freigegeben,
bewegt sich die Schachtel
in Reaktion auf die Masse-
veränderung leicht nach
oben. Bohr benutzte dann
Einsteins Allgemeine Re-
lativitätstheorie, die auf-
gezeigt hatte, dass bewegte Uhren langsam laufen,
und kombinierte sie mit der
Unschärfe der Bewegungs-
geschwindigkeit. Daraus
ergab sich die Richtigkeit
der Unschärferelation für
Energie und Zeit.

Einstein und Bohr begegneten

sich auf der sechsten Solvay-Konferenz im Jahr 1930.
Das Thema der Konferenz lautete Magnetismus, doch
Einstein hatte einige Zeit mit dem Austüfteln einer
weiteren Herausforderung für Bohr bezüglich der
Quantentheorie zugebracht und nutzte die Gelegen-
heit, sie beim Frühstück zu präsentieren. In seinem
Gedankenexperiment beschrieb er eine Schachtel
mit einer Strahlungsquelle darin und einem Loch
mit Klappe in einer Seite. Der Verschluss wird für so
kurze Zeit geöffnet, dass nur ein einziges Photon
entweicht. Einstein wog in Gedanken die Schachtel
vor und nach dem Entweichen des Photons, sodass
er sich ein genaues Bild von der Masse und ihrem
Verhältnis zur Energie des Photons machen konnte.
Dabei konnte er die Zeit der Klappenöffnung exakt
messen. Dies widersprach aber einem grundlegenden
Prinzip der Quantentheorie, der Unschärferelation
von Heisenberg, nach der man, je mehr man über die
Energie eines Teilchens wusste, desto weniger die
Zeitdifferenz kannte. Beides exakt zu bestimmen sei
nicht möglich. Bohr war anfänglich verstört. Ein Be-
obachter beschrieb die Situation folgendermaßen:
Einstein habe sich mit einem »leisen ironischen
Lächeln« still von diesem Treffen entfernt, während
Bohr aufgeregt neben ihm her getrabt sei. Am nächs-
ten Morgen aber hatte Bohr den Fehler in Einsteins
Argumentation gefunden.

VERWANDTE THEMEN
BRIEFE AN BORN
Seite 92

EINSTEINS ZWEIFEL
Seite 94

EPR
Seite 102

3-SEKUNDEN-BIOGRAFIEN
ERNEST SOLVAY
1838–1922
Belgischer Industrieller, der eine
Reihe von bedeutenden Kon-
ferenzen für Physik finanzierte.

NIELS BOHR
1885–1962
Dänischer Physiker und Freund
von Einstein, mit dem er
über viele Jahre eine freundschaftliche Diskussion über die
Geltung der Quantentheorie
führte

30-SEKUNDEN-TEXT
Brian Clegg

*Eine weitere Heraus-
forderung Einsteins
für Niels Bohr auf einer
Solvay-Konferenz betraf
die Wirkung eines weg-
fliegenden Photons
auf das Gewicht einer
Schachtel.*

VERBORGENE VARIABLEN

Das 30-Sekunden-Quantum

Sie haben eine unbeschädigte, unmanipulierte Münze geworfen, die Sie nun in der geschlossenen Hand halten, und sind der Ansicht, dass die Münze mit einer 50-prozentigen Chance Kopf und mit einer 50-prozentigen Chance Zahl zeigt? Da haben Sie unrecht. Diese 50:50-Chance bestand, bevor die Münze geworfen wurde. Doch jetzt, nach dem Wurf, zeigt die Münze zu 100 Prozent entweder Kopf oder Zahl – eine unumstößliche Tatsache. Sie wissen nur nicht, welche der beiden Möglichkeiten eingetreten ist. Diese Art von Information wird als »verborgene Variable« bezeichnet. Die Information befindet sich zwar im System, aber es ist nicht möglich, darauf zuzugreifen. Obwohl die Wahrscheinlichkeitsrechnung Werkzeuge bereitstellt, um alle möglichen interessanten Erkenntnisse darüber, was während des Münzwurfs geschehen kann, herzuleiten, sind die Münzen selbst niemals in einem möglichen Zustand. Das Quantenäquivalent zu einer Münze wird jedoch vor seiner Untersuchung immer nur als Möglichkeit aufgefasst. Das konnte Einstein nicht akzeptieren. Er glaubte, dass irgendwo unter all den Wahrscheinlichkeiten eine feste Realität existierte und es nur keine Möglichkeit gab, die tatsächlichen Werte zu entdecken.

3-SEKUNDEN-QUÄNTCHEN
Ereignisse, die den Gesetzen der Wahrscheinlichkeit folgen, wie ein Münzwurf, enthalten »verborgene Variablen«, die das Ergebnis vor seiner Aufdeckung festlegen, aber in der Quantentheorie gibt es keine verborgenen Variablen.

3-MINUTEN-GEDANKE
Der Physiker John Bell entwarf eine anschauliche Geschichte zu verborgenen Variablen, die er »Dr. Bertlmanns Socken« nannte. Sein Kollege Reinhold Bertlmann trug nämlich stets ungleiche Socken. Deshalb, so Bell, wüsste jemand, wenn eine von Dr. Bertlmanns Socken um die Ecke kam und diese rosa war, noch bevor er den Rest von ihm sah, dass die andere Socke nicht rosa sein konnte. Im Gegensatz zu den Teilchen wiesen diese Socken verborgene Variablen auf.

VERWANDTE THEMEN
BRIEFE AN BORN
Seite 92

EPR
Seite 102

REALISMUS & REALITÄT
Seite 106

3-SEKUNDEN-BIOGRAFIEN
JOHN BELL
1928–1990
Nordirischer Physiker, der am CERN arbeitete und einen Test zum Nachweis verborgener Variablen entwarf

REINHOLD BERTLMANN
geb. 1945
Österreichischer Physiker und enger Mitarbeiter John Bells am CERN

30-SEKUNDEN-TEXT
Brian Clegg

Nach Einstein besaßen Teilchen, ähnlich wie geworfene, noch nicht aufgedeckte Münzen, verborgene Werte, was ihren Zustand betraf, die sich durch Messung aufdecken ließen.

7. Oktober 1885
Geburt in Kopenhagen als
Sohn des Physiologie-
professors Christian und
seiner Frau Ellen Bohr

1911
Promotion an der
Universität Kopenhagen

1911–1912
Einjähriger Studienaufent-
halt in England (Cambridge
und Manchester) und
Beginn der Forschung zum
Quantenatom

1913
Veröffentlichung des
Bohrschen Atom-Modells

1914
Dozent für Physik an der
Universität Manchester

1916
Professor für theoretische
Physik an der Universität
Kopenhagen

1920
Leiter des neuen Instituts
für Theoretische Physik der
Universität Kopenhagen

1922
Nobelpreis für Physik für
seine Entdeckung der
Atomstruktur

1927
Fünfte Solvay-Konferenz,
auf der Einstein Bohr mit
Problemen der Quanten-
theorie konfrontiert

1935
Herausforderung durch
Einsteins Arbeit zu EPR

1943
Vermeidung einer
Verhaftung durch die
deutsche Polizei durch
Flucht über Schweden nach
Großbritannien und
schließlich in die USA

18. November 1962
Tod in Kopenhagen

1965
Umbenennung des
dänischen Instituts für
Theoretische Physik in
Niels-Bohr-Institut

1997
Benennung des Elements
107 als Bohrium

NIELS BOHR

In den Top Ten der Physiker von 2013 des *Observer* landete Niels Bohr überraschenderweise noch vor Einstein und Galileo auf Platz zwei. Auch wenn dieser Rang durchaus anfechtbar ist, steht außer Zweifel, dass Bohr für die Entwicklung der Quantentheorie, der Physik, die das Verhalten von Atomen, Elektronen und Photonen beschreibt, von zentraler Bedeutung war. Und als Quantenphysiker disputierte er oft freundschaftlich mit Einstein. Nach seiner Promotion in Kopenhagen zog der junge Bohr für ein Jahr nach Großbritannien, wo er mit dem Entdecker des Elektrons, Joseph John Thomson, und noch fruchtbarer mit dem temperamentvollen Ernest Rutherford in Manchester zusammenarbeitete, dessen Team den Atomkern entdeckt hatte. Dieser Aufenthalt führte dazu, dass Bohr sein erstes Quantenmodell des Atoms entwickelte.

Bohr war neben Broglie, Heisenberg und Schrödinger die zentrale Gestalt der Quantentheorie jener Zeit. Er verschwendete keine Zeit auf Einsteins Bedenken über die Natur dieser leistungsfähigen, aber auch geheimnisvollen Theorie. Einstein missfiel die Idee, dass die Wahrscheinlichkeit im Mittelpunkt der Quantentheorie stand. Er glaubte, dass irgendwo feste Werte, sogenannte verborgene Variablen, versteckt sein müssten. Er stellte Bohr mit komplexen Gedankenexperimenten Fallen und versuchte so Fehler in der Quantentheorie nachzuweisen, wenn sie sich auf Konferenzen trafen. Bohr nahm sich üblicherweise einen Tag Zeit, um das Problem zu durchdenken, und kam nach dem Tee mit einer Lösung an. Die letzte und größte Herausforderung erlebte Bohr in Form des EPR-Effekts, und er vermochte nie gänzlich zu kontern, aber schließlich führten experimentelle Beweise dazu, Einsteins Position zu untergraben.

Bohr hatte die Angewohnheit, herumzugehen und Worte zu murmeln, die er in seinem Kopf zu Sätzen aufreihte. Einmal ging er am *Institute of Advanced Study* in seinem Büro auf und ab und sagte immer wieder »Einstein«, als er über einem Quantenargument brütete. Da schlüpfte Einstein selbst ins Zimmer, um sich von Bohr Tabak zu leihen. Während er sich zum Schreibtisch schlich, richtete sich Bohr mit einem plötzlichen, lauten »Einstein« auf, um überraschenderweise das Subjekt seiner Gedanken unmittelbar vor sich zu sehen. Abraham Pais, der das Ereignis beobachtete, sagte: »Da standen sie nun, von Angesicht zu Angesicht, als ob Bohr ihn heraufbeschworen hätte. Es ist eine Untertreibung zu sagen, dass Bohr einen Augenblick sprachlos war.« Lange Jahre leitete Bohr das Institut für Theoretische Physik in Kopenhagen, das kurz nach seinem Tod 1962 in Niels-Bohr-Institut umbenannt wurde. Dort arbeitete er an der Weiterentwicklung der Quantentheorie und trieb die Physik insgesamt voran. Obwohl schüchtern und manchmal schwer zu verstehen, hat Bohr eine ganze Generation von Studenten zu einem tieferen Naturverständnis inspiriert.

Brian Clegg

EPR

Das 30-Sekunden-Quantum

VERWANDTE THEMEN
VERBORGENE VARIABLEN
Seite 98

TRIUMPHE DER
VERSCHRÄNKUNG
Seite 104

3-SEKUNDEN-BIOGRAFIEN
BORIS PODOLSKY
1896–1966
Russisch-amerikanischer
Physiker, der mit Einstein in
Princeton arbeitete und als
Spion im Zweiten Weltkrieg
Informationen über die amerika-
nische Nuklearwissenschaft an
die Sowjetunion weitergab

NATHAN ROSEN
1909–1995
Amerikanisch-israelischer
Physiker, dessen Arbeit zur Allgemeinen Relativitätstheorie
die Hypothese einer »Einstein-
Rosen-Brücke« in der Raumzeit
generierte – später als Wurmloch bezeichnet.

3-SEKUNDEN-QUÄNTCHEN
Das Einstein-Podolsky-
Rosen-Experiment war
ein Gedankenexperiment,
das nachweisen sollte,
dass die Preisgabe einer
»realistischen« Ansicht der
Quanteneigenschaften zu
einem augenscheinlichen
Paradoxon führt.

3-MINUTEN-GEDANKE
EPR-Korrelationen versto-
ßen nicht gegen Einsteins
Spezielle Relativitätstheorie, denn Messungen an
einem Teilchen legen zwar
den Zustand des anderen
fest, doch dieser kann
nie fest etabliert werden,
ohne Informationen von
einem Teilchenstandort
zum anderen zu übermit-
teln – maximal mit Licht-
geschwindigkeit. Die Par-
tikel »kommunizieren« also
nicht wirklich, vielmehr
sind ihre Eigenschaften als
nicht »lokalisiert« auf den
Teilchen selbst zu betrachten. Dies nennt man Nicht-
lokalität in verschränkten
Systemen.

Einstein konnte die »Kopenhage-
ner« Ansicht nicht akzeptieren, dass Quantenobjekte
Eigenschaften haben können, die so lange undefiniert
sind, bis sie gemessen werden. 1935 veröffentlichte er
zusammen mit seinen beiden Kollegen Boris Podolsky
und Nathan Rosen einen Aufsatz, der aufzeigte, dass
diese Ansicht scheinbar zu einem Paradoxon führte.
Sie stellten sich einen Quantenprozess vor, der zwei
Teilchen erzeugte, deren Zustände korrelieren – un-
auslöschlich miteinander verwandt. Nach den Kopen-
hagenern hat die fragliche Eigenschaft, beispielsweise
der Polarisationszustand von zwei Photonen, für die
beiden korrelierten Teilchen keine festen Werte, bis
wir sie anschauen. Der Akt des Hinschauens auf eines
der Photonen bestimmt den Zustand des anderen.
Aber wie kann die Messung eines Photons das
andere augenblicklich beeinflussen? Wir könnten mit
der Messung warten, bis die beiden korrelierenden
Teilchen sehr weit voneinander entfernt sind. Dann
müsste der Einfluss oder das Signal sofort über
diese Distanz übertragen worden sein. Aber nach
den Gesetzen der Speziellen Relativitätstheorie kann
sich nichts schneller als Licht bewegen. Schrödinger
prägte den Namen dieses korrelierten Zustands
zweier Teilchen im Einstein-Podolsky-Rosen-Gedan-
kenexperiment (EPR): Verschränkung. In den 1980er-
Jahren zeigte ein Versuch mit Laser-Photonen, die in
verschränkten Zuständen hergestellt wurden, dass
EPR-Korrelationen tatsächlich existieren.

30-SEKUNDEN-TEXT
Philip Ball

*Eine Messung an einem
verschränkten Teilchen
wirkt sich sofort auf
seinen Zwilling aus, wie
weit die beiden auch
immer voneinander
entfernt sind.*

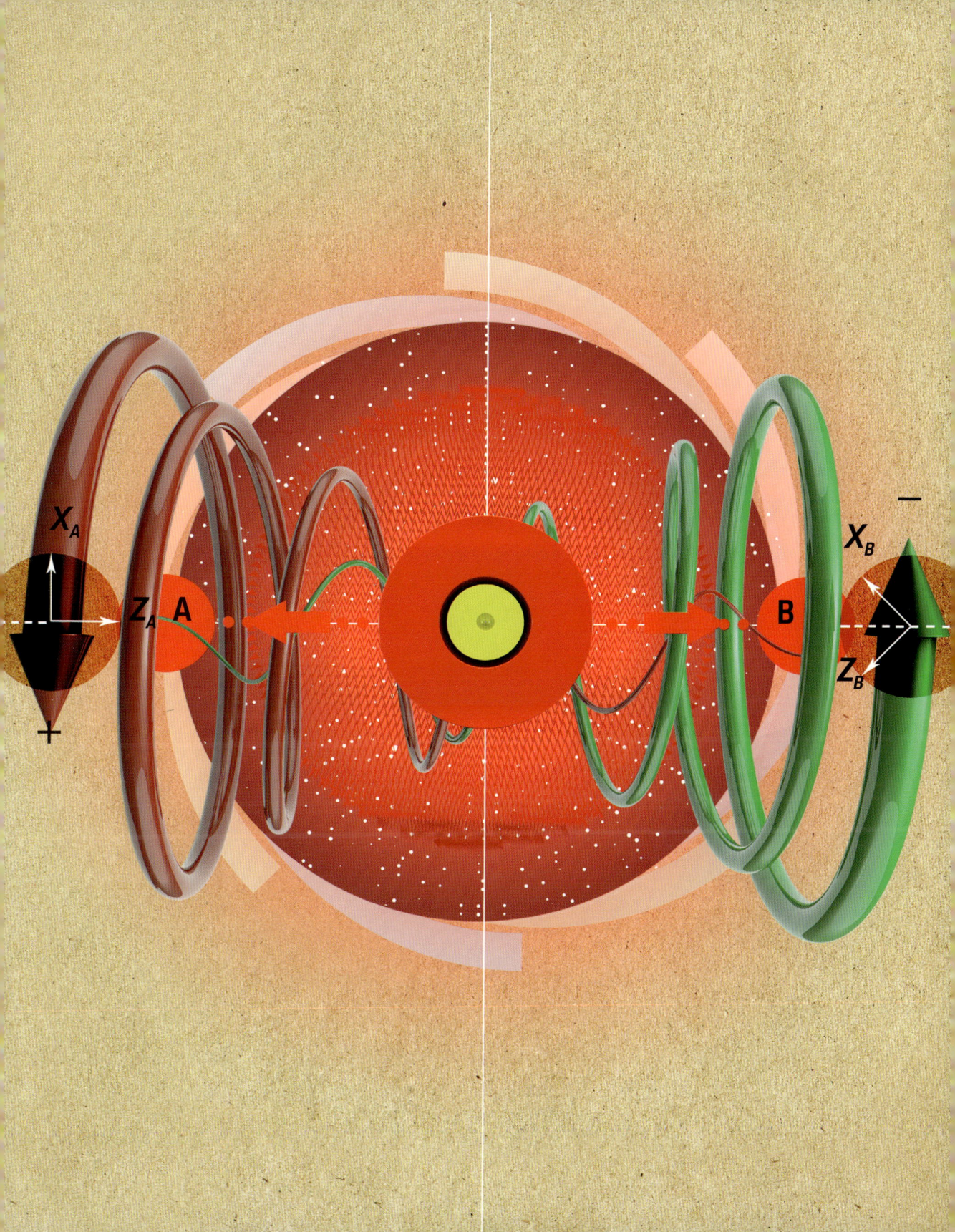

TRIUMPHE DER VERSCHRÄNKUNG
Das 30-Sekunden-Quantum

VERWANDTE THEMEN
VERBORGENE VARIABLEN
Seite 98

EPR
Seite 102

REALISMUS & REALITÄT
Seite 106

Einstein dachte, mit EPR einen

unwiderlegbaren Einwand gegen die Geltung der Quantenphysik geliefert zu haben. Aber zwei Physiker erbrachten den experimentellen Nachweis, dass Einstein falsch lag. Der erste war John Bell mit einem wenig beachteten Aufsatz, in dem er einen gangbaren Weg aufzeigte, wie mit einer indirekten Messung nachgewiesen werden kann, ob sich verschränkte Teilchen in der Ferne beeinflussen können, oder ob es verborgene Variablen gab. Der zweite, Alain Aspect, stieß während einer dreijährigen Auszeit von der Physik, in der er als Entwicklungshelfer in Kamerun arbeitete, auf Bells Aufsatz. Bei seiner Rückkehr nach Frankreich entwarf Aspect einen Versuch, der verschränkte Photonen produzierte, die Millionen Male pro Sekunde Messungen in verschiedenen Richtungen vornahmen, um das Konzept von Bell verwenden zu können. Diese Änderungen erfolgten so schnell, dass die Informationen keine Zeit hatten, um von einem Photon zum anderen zu gelangen. Damit konnte die Art der Kommunikation demonstriert werden, die durch Verschränkung entsteht, und es wurde nachgewiesen, dass die Informationen irgendwie sofort von A nach B kamen. Viele Experimente haben seither die Auswirkungen der Verschränkung in einer Weise getestet, die mit konventionellen Kommunikationsmitteln nicht möglich wäre, und ergeben, dass Verschränkung und *quantum weirdness* existieren.

Der französische Physiker Alain Aspect testete mit einem Experiment John Bells Thesen und bewies die Existenz der Verschränkung.

REALISMUS & REALITÄT

Das 30-Sekunden-Quantum

Philosophen und Mystiker hatten schon lange behauptet, die wahrgenommene Realität sei nicht wirklich. Die Quantentheorie scheint noch einen Schritt weiter zu gehen: Nach ihr macht es keinen Sinn zu fragen, was da ist, bevor man es anschaut. Pascual Jordan, der mit Niels Bohr die Quantenphysik in den 1920er-Jahren prägte, war der Ansicht, Beobachtungen würden das zu Messende nicht nur verändern, sondern es gar hervorbringen, denn man zwinge [ein Quantenteilchen] in eine bestimmte Position. Dies aber war geradezu eine Antithese zur klassischen Wissenschaft, die von einer objektiven, experimentell verifizierbaren Realität ausgeht. Einstein fand diese Quantenwirklichkeit suspekt und fragte einmal, ob der Mond nur existiere, wenn wir ihn anschauen. Gegenüber seinem Freund Max Born äußerte er sich dahingehend, dass die Quantenmechanik eine unvollständige und indirekte Beschreibung der Wirklichkeit liefere. Er vermutete, dass »verborgene Variablen«, die wir nicht messen können, die Teilchen stets definieren. Aufgrund von Versuchsergebnissen seit den 1970er-Jahren wird es zunehmend schwerer, Theorien mit verborgenen Variablen, die mit dem Beobachteten zu vereinbaren sind, aufzustellen. Die meisten Physiker lehnen deshalb heute die Vorstellung Einsteins ab. Soweit es um den Mond geht, scheint auch etwas da zu sein, wenn wir nicht hinschauen; was es genau ist, wird jedoch erst durch unseren Blick festgelegt.

VERWANDTE THEMEN
EINSTEINS ZWEIFEL
Seite 94

VERBORGENE VARIABLEN
Seite 98

EPR
Seite 102

3-SEKUNDEN-BIOGRAFIEN
MAX BORN
1882–1970
Deutscher Physiker und Pionier der Quantenphysik, der weitgehend mit Einstein übereinstimmte und Einsteins Gedanken zu Quantenrealitäten, Ethik und vielem mehr Öffentlichkeit verschaffte.

PASCUAL JORDAN
1902–1980
Deutscher Physiker, der mit Born und Heisenberg Details der Quantenmechanik ausarbeitete

30-SEKUNDEN-TEXT
Philip Ball

Da Quanteneffekte von einem Beobachter abhängen, fragte Einstein einmal, ob der Mond da sei, wenn niemand ihn sehe.

3-SEKUNDEN-QUÄNTCHEN
Einstein konnte das von Quantentheoretikern vorgeschlagene Modell nicht akzeptieren, dass die Gestalt der Welt mit ihrem Betrachten entsteht, denn er war von einer unverrückbaren, zugrunde liegenden Realität überzeugt.

3-MINUTEN-GEDANKE
Wie entsteht unsere Welt mit konkreten Orten und Zuständen aus der ihr zugrunde liegenden Quantenphysik? Dieser Übergang von der Quanten- zur klassischen Physik wird mit der Dekohärenz erklärt, bei der das »Quantenhafte« des Systems aufgrund seiner Wechselwirkungen mit der Umgebung in den Hintergrund tritt. Diese Wechselwirkungen sind mit zunehmender Größe des Systems immer stärker ausgeprägt und komplexer. So ergibt sich die klassische Physik aus der Dekohärenz, nicht aus der Größe an sich.

ALLGEMEINE RELATIVITÄTSTHEORIE

ALLGEMEINE RELATIVITÄTSTHEORIE
GLOSSAR

Das absolut Andere Die Lichtgeschwindig-keit stellt eine absolute Grenze dar, und so muss ein Lichtstrahl, um Einfluss auf etwas auszuüben, in einer bestimmten Zeit von Punkt A zu Punkt B gelangen. Man stelle sich eine Bombe in zwei Lichtjahren Entfernung von der Erde vor, die durch einen Laser de-aktiviert werden kann und in einem Jahr detonieren wird. Ihre Deaktivierung vor der Explosion ist somit unmöglich. Unter diesen Umständen findet die Explosion im absoluten Anderen der Erde statt. Das absolut Andere ist bei einem Ereignis der Bereich der Raum-zeit, den das Licht nicht zu erreichen vermag, sodass kein ursächlicher Zusammenhang zwischen dem Anfangsereignis und diesem Punkt in der Raumzeit besteht.

Allgemeine Kovarianz Physiker bevorzugen in der Regel kovariante physikalische Gesetze, die unverändert gelten, auch wenn man sich beispielsweise in Bezug auf das unter-suchte System bewegt. Bei der Speziellen Relativitätstheorie ist dies aber nicht der Fall, da sie nur innerhalb von Bezugssystemen, so-genannten Inertialsystemen, gilt, d. h. wenn das beobachtete System sich in Bezug auf den Beobachter in konstanter Bewegung befindet. Die Allgemeine Relativitätstheorie hob die Notwendigkeit eines feststehenden Referenzrahmens auf und brachte allgemeine Kovarianz mit sich.

Differentialgleichungen Drücken die Beziehung zwischen einer Funktion und ihren Ableitungen aus – den Ergebnissen der Differentialrechnung. Sie drücken typischerweise die Rate aus, mit der sich etwas ändert, oder wie sich eine variable Größe in Bezug auf eine andere ändert.

Infinitesimalrechnung Newton und Leibniz entwickelten die Infinitesimalrechnung un-abhängig voneinander als mathematisches Werkzeug für die Analyse von Veränderungen in zwei Anwendungsbereichen: Mit der Differentialrechnung werden Änderungsraten und relative Änderung ermittelt, mit der Integral-rechnung Summen über Wertebereiche sowie Flächen, Volumen u. ä. geometrische Formen. Die Infinitesimalrechnung ist für die Physik von zen-traler Bedeutung und kommt weit verbreitet zur Anwendung, wo Zahlen systematisch variieren.

Matrix Eine rechteckige Anordnung mathe-matischer Objekte, etwa Zahlen, mit denen sich in bestimmter Weise rechnen lässt, indem man sie addiert oder multipliziert.

Pfeil der Zeit Im Konzept der Raumzeit wird die Zeit zu einer weiteren Dimension neben den drei räumlichen Dimensionen. Aber die Zeit ist anders. Sie verläuft von der Vergangenheit in die Zukunft – der Pfeil der Zeit. Viele physikalische Prozesse sind dagegen reversibel und können in beide Zeitrichtungen ablaufen. Das zweite Gesetz der Thermodynamik besagt dagegen, dass die Entropie (»Unordnung«) in einem geschlossenen System gleich bleibt oder zunimmt, und führt somit zu einem gerichteten Pfeil der Zeit. Dieser erklärt, warum wir beispielsweise die Milch nicht aus dem Tee entfernen können.

Raumzeit In seiner Speziellen Relativitätstheorie wies Einstein eine derart enge Beziehung zwischen Raum und Zeit nach, dass eine separate Betrachtung der beiden unmöglich wurde. Somit erschien die Annahme einer vierdimensionalen Einheit sinnvoll, die die drei Dimensionen des Raumes und die Zeit umfasst. Für die Allgemeine Relativitätstheorie musste Einstein später Objekte mit massenverzerrter Raumzeit berücksichtigen, die eine Analyse der Raumzeitkrümmung erforderten.

Schwarzes Loch Entsteht, wenn ein Stern altert und in sich selbst zusammenfällt und nichts den Zusammenbruch aufhält, sodass der Stern als dimensionsloser Punkt endet. Die Existenz von schwarzen Löchern gehört zu den ersten auf Einsteins Allgemeiner Relativitätstheorie gründenden Thesen. Man hat zwar noch nie eines direkt beobachtet, aber es gibt plausible indirekte Beweise für ihre Existenz. Bewegt man sich nahe genug an ein schwarzes Loch, krümmt sich die Raumzeit so stark, dass kein Licht mehr entweichen kann.

Tensoranalysis Die Infinitesimalrechnung wurde im 19. Jahrhundert modifiziert, um Veränderungen in Teilen einer komplexen Gleichung (partielle Differenzierung) und Veränderungen in Vektorfeldern darstellen zu können, wobei jeder Punkt in einem mehrdimensionalen Raum sowohl einen Wert als auch eine Richtung hat (Vektorkalkül). Auch das reichte noch nicht aus für die Allgemeine Relativitätstheorie, sodass Einstein die Tensoranalysis einsetzte. Tensoren sind mathematische Strukturen, meist in Form einer Matrix, die zeigen, wie sich verschiedene Vektoren und Zahlen aufeinander beziehen. Die Tensoranalysis gilt für ein Feld, in dem jeder Punkt im mehrdimensionalen Raum einen assoziierten Tensor hat.

AUSBRUCH AUS DEM TRÄGHEITSRAHMEN
Das 30-Sekunden-Quantum

3-SEKUNDEN-QUÄNTCHEN
Die Spezielle Relativitätstheorie gilt nicht in Situationen mit beschleunigter
Bewegung oder einwirken-
der Schwerkraft.

3-MINUTEN-GEDANKE
Woher stammt der
Name der Speziellen
Relativitätstheorie? Zu
der Zeit, als Einstein den
entsprechenden Aufsatz
mit dem Titel »Zur Elek-
trodynamik bewegter
Körper« veröffentlichte,
trug sie noch nicht diesen
Namen. Diesen erhielt sie
erst später, als Einstein die
Allgemeine Relativitäts-
theorie entwickelte, um die
im Rahmen seiner früheren
Arbeit existierenden Be-
schränkungen zu überwin-
den. Einstein schrieb dazu,
die Spezielle Relativitätstheorie gelte für den Son-
derfall der Abwesenheit
eines Gravitationsfeldes.

Die Spezielle Relativitätstheorie

greift in Situationen, in denen Objekte entweder
stationär sind oder sich auf einer geraden Linie und
mit konstanter Geschwindigkeit in Bezug auf den
Beobachter bewegen, wobei Objekt und Beobachter
sich vorzugsweise im selben Trägheitsrahmen befinden. Ihre Anwendung fällt schwerer, wenn eine Kraft
auf das Objekt einwirkt und dessen Geschwindigkeit
oder Bewegungsrichtung ändert, so bei Anziehung
durch ein Gravitationsfeld. Das Objekt befindet
sich in diesem Fall in einem beschleunigten Bezugsrahmen, der in der Speziellen Relativitätstheorie
anders zu behandeln ist als ein Trägheitsrahmen. Die
physikalischen Gleichungen der Speziellen Relativitätstheorie haben in einem Beschleunigungsrahmen
nicht dieselbe Form wie in einem Trägheitsrahmen.
Durch Neufassung dieser Gleichungen mit nicht-
linearen Koordinatensystemen kann man mit einem
beschleunigenden Bezugssystem umgehen und z. B.
die Bewegung von Teilchen beschreiben, die sich in
elektrischen und magnetischen Feldern bewegen.
Ein Grundprinzip der Speziellen Relativitätstheorie ist
die für alle Beobachter konstante Lichtgeschwindigkeit, die aber bei Anwendung ihrer Gleichungen auf
Bezugsysteme mit Beschleunigung nicht unbedingt
gilt. Die Allgemeine Relativitätstheorie ist das Resultat
von Einsteins Versuchen, die Prinzipien der Speziellen
Relativitätstheorie auf Beschleunigung und Schwerkraft anzuwenden.

VERWANDTE THEMEN
ZUR ELEKTRODYNAMIK
BEWEGTER KÖRPER
Seite 56

HERMANN MINKOWSKI
Seite 60

EINE KRÜMMUNG IN
RAUM & ZEIT
Seite 118

3-SEKUNDEN-BIOGRAFIEN
GALILEO GALILEI
1564–1642
Italienischer Astronom, der als
Erster erkannte, dass die Geset-
ze des Universums stets gleich
sein müssen – in sämtlichen
Referenzrahmen

ISAAC NEWTON
1643–1727
Englischer Physiker, dessen
Newtonsche Gesetze die Idee
des Referenz-Trägheitsrahmens
einführten

30-SEKUNDEN-TEXT
Leon Clifford

*Für einen Beobachter in
konstanter Bewegung
gelten die Gesetze der
Physik unverändert,
beschleunigt er jedoch,
verlieren sie ihre
Gültigkeit.*

DER GLÜCKLICHSTE GEDANKE

Das 30-Sekunden-Quantum

3-SEKUNDEN-QUÄNTCHEN
Einsteins »glücklichster Gedanke«, dass Beschleunigung und Schwerkraft dieselbe Wirkung haben, war ausschlaggebend für seine Vorstellungen von der Natur der Schwerkraft.

3-MINUTEN-GEDANKE
Einstein sagte: »Ich saß auf meinem Sessel im Berner Patentamt, als mir plötzlich folgender Gedanke kam: ›Wenn sich eine Person im freien Fall befindet, dann spürt sie ihr eigenes Gewicht nicht.‹ Ich war verblüfft. Dieser einfache Gedanke machte auf mich einen tiefen Eindruck. Er trieb mich in Richtung einer Theorie der Gravitation.« Aus diesem Grund schweben Astronauten in der Umlaufbahn. Sie befinden sich im freien Fall in Richtung Erde, driften aber zugleich seitwärts und stürzen so nicht auf die Erdoberfläche.

Einsteins Ausgangspunkt für

seine Allgemeine Relativitätstheorie war etwas, was er später als seinen »glücklichsten Gedanken« bezeichnete. Diesen hatte er während der Arbeit im Schweizer Patentamt. Einstein machte folgende Entdeckung: Fällt jemand von einem hohen Gebäude, so hebt die Beschleunigung die Schwerkraft auf und sein Körper wird schwerelos. In Flugzeugen im Parabelflug kann man dieses Gefühl der Schwerelosigkeit erleben. Die Wirkungen von Beschleunigung und Schwerkraft sind nicht zu unterscheiden: So lautet das »Äquivalenzprinzip«. Befände man sich in einem Raumschiff ohne Fenster, das konstant beschleunigt, würde man zum Heck des Raumschiffs geschoben – genau wie im Flugzeug, wo wir während der Beschleunigung auf der Startbahn in unsere Sitze gedrückt werden. Aber stünde das Raumschiff mit dem hinteren Ende auf einem Planeten, dessen Gravitation dieselbe Beschleunigung erzeugte, würde man zwar in gleicher Weise nach hinten gezogen wäre aber nicht in der Lage, im Inneren des Raumschiffs zu unterscheiden, ob das Raumschiff beschleunigt oder noch auf dem Planeten steht. Diese Äquivalenz zwischen Beschleunigung und Schwerkraft erwies sich später als wesentlich für das Verständnis, wie die Schwerkraft als Krümmung in Raum und Zeit entsteht.

VERWANDTE THEMEN
VON PATENTEN ZUR RELATIVITÄT
Seite 52

AUSBRUCH AUS DEM TRÄGHEITSRAHMEN
Seite 112

3-SEKUNDEN-BIOGRAFIEN
GALILEO GALILEI
1564–1642
Italienischer Naturphilosoph, der das Äquivalenzprinzip entdeckte, dass konstante Bewegung nicht von Bewegungslosigkeit zu unterscheiden ist

ABRAHAM PAIS
1918–2000
Niederländisch-amerikanischer Physiker und Einstein-Biograf, der Einsteins »glücklichsten Gedanken« publik machte und sich dabei auf einen unveröffentlichten Artikel bezog

30-SEKUNDEN-TEXT
Brian Clegg

Eine Person im freien Fall wie hier beim Parabelflug und in Raumstationen, empfindet keine Schwerkraft. Das inspirierte Einstein zu seinem »glücklichsten Gedanken«.

SCHWERE UHREN

Das 30-Sekunden-Quantum

Nach Einsteins These verlang-
samt die Schwerkraft die Zeit. Zur Illustration
können wir uns zwei Menschen – Lena und Gerd – in
einer beschleunigenden Rakete vorstellen, Lena
im vorderen und Gerd im hinteren Teil. Die beiden
senden einander Lichtimpulse zu und messen, wie viel
Zeit zwischen den Impulsen vergeht. So können sie
messen, wie schnell die Zeit vergeht. Angenommen,
Lena sendet zwei Lichtimpulse an Gerd und misst
das Zeitintervall zwischen dem Senden der beiden
Impulse. Gerd empfängt die beiden Impulse hinten
in der Rakete, doch wegen der Beschleunigung der
Rakete vergeht zwischen dem Empfang der beiden
Impulse weniger Zeit als von Lena beim Senden
gemessen. Angenommen, Lena misst den zeitlichen
Abstand zwischen ihren Impulsen mit zwei Sekunden,
könnte dieser Unterschied in Bens Messung nur eine
Sekunde betragen. Somit scheint die Zeit bei Gerd
schneller zu vergehen als bei Lena. Aufgrund des
Prinzips der Äquivalenz gilt für eine stationäre Rakete
in einem Gravitationsfeld dasselbe wie für eine beschleunigende Rakete. Stünde die Rakete senkrecht
auf der Oberfläche eines Planeten, würde Gerds Uhr
ebenfalls langsamer ticken als Lenas, weil er sich in
einem stärkeren Gravitationsfeld befindet. Daraus
folgt: Die Schwerkraft verlangsamt die Zeit.

VERWANDTE THEMEN
LÄNGE, ZEIT & MASSE
Seite 64

DER GLÜCKLICHSTE GEDANKE
Seite 114

EINE KRÜMMUNG IN
RAUM & ZEIT
Seite 118

3-SEKUNDEN-BIOGRAFIE
JOSEPH HAFELE
1933–2014
Amerikanischer Physiker, der
zusammen mit seinem Kollegen
Richard Keating 1971 mit Atom-
uhren an Bord von Flugzeugen
Einsteins Thesen von der Zeit-
dilatation in der Speziellen
Relativitätstheorie und der
Zeit, die in einem schwächeren
Gravitationsfeld schneller ver-
geht, testete

30-SEKUNDEN-TEXT
Rhodri Evans

3-SEKUNDEN-QUÄNTCHEN
Einsteins Äquivalenzprinzip
besagt, dass sich Uhren
verlangsamen, je stärker
das Gravitationsfeld ist.
Somit laufen die Uhren auf
der Erde langsamer als in
der Internationalen Raum-
station.

3-MINUTEN-GEDANKE
Das Global Positioning
System (GPS), das wir
in unseren Navigations-
systemen verwenden,
muss berücksichtigen, dass
eine Uhr auf der Erde langsamer läuft als auf einem
Satelliten, weil sie sich hier
in einem stärkeren Gravitationsfeld befindet. Würde
dieser Effekt nicht berück-
sichtigt, gäbe uns das
System falsche Positionen
und wäre nutzlos.

*In einem beschleuni-
genden Schiff ver-
langsamt sich eine
Uhr. Der gleiche Effekt
ist unter Einwirkung
der Schwerkraft zu
beobachten.*

EINE KRÜMMUNG IN RAUM & ZEIT

Das 30-Sekunden-Quantum

3-SEKUNDEN-QUÄNTCHEN
Indem er die Schwerkraft als Krümmung in der Raumzeit auffasste, überwand Einstein die Beschränkungen, die durch die Spezielle Relativitätstheorie vorgegeben waren.

3-MINUTEN-GEDANKE
Stellen wir uns einmal die Raumzeit zweidimensional vor – als Seite eines Blattes Papier. Dabei quetschen wir die vertrauten drei Dimensionen des Raumes in eine Dimension, parallel zu einer Kante. Die Zeit verläuft rechtwinklig dazu. Objekte mit Masse liegen auf dem Papier. Das ist die Raumzeit der Speziellen Relativitätstheorie. Ersetzen wir nun das Papier durch ein Gummiblatt. Objekte mit Masse sinken nun ein und verformen und krümmen es in eine neue Dimension. Das ist die Raumzeit der Allgemeinen Relativitätstheorie.

Die Spezielle Relativitätstheorie

beinhaltet Einschränkungen beim Umgang mit Beschleunigung und Schwerkraft. Einstein war aber der Ansicht, die Gesetze der Physik müssten uneingeschränkt gelten, also auch bei Systemen mit Beschleunigung und in Gravitationsfeldern. Somit sollten Gleichungen und physikalische Messungen, so von Zeit, Distanz, Geschwindigkeit und Beschleunigung, zwischen Bezugsrahmen und in allen Koordinatensystemen konsistent, oder mathematisch gesprochen kovariant, sein. Nun geriet aber die Mathematik der Speziellen Relativitätstheorie mit der euklidischen Geometrie in Konflikt. So würde sich die Konstante Pi einer imaginären, sich drehenden Scheibe ändern, da die Effekte der Speziellen Relativitätstheorie den Umfang der Scheibe verkleinern. Die Lösung für dieses Problem, die der Mathematiker Marcel Grossman vorschlug, bestand in einer nichteuklidischen Geometrie, mit der man die Prinzipien der Relativität darstellen konnte. Die euklidische Geometrie beruht auf dem Axiom, dass der kürzeste Abstand zwischen zwei Punkten eine gerade Linie ist. In der nichteuklidischen Geometrie krümmt sich dagegen der Raum und der kürzeste Abstand zwischen zwei Punkten führt über die gekrümmte (geodätische) Fläche. Einsteins und Grossmans Schlüsselidee bestand darin, die Schwerkraft als Krümmung in der nichteuklidischen Raumzeit zu repräsentieren, d. h. sie nahmen an, dass die Schwerkraft gekrümmte Raumzeit ist.

VERWANDTE THEMEN
ZUR ELEKTRODYNAMIK
BEWEGTER KÖRPER
Seite 56

HERMANN MINKOWSKI
Seite 60

3-SEKUNDEN-BIOGRAFIEN
GEORG FRIEDRICH
BERNHARD RIEMANN
1826–1866
Deutscher Mathematiker, der eine nichteuklidische Geometrie entwickelte – die Geometrie des gekrümmten Raumes

MARCEL GROSSMAN
1878–1936
Ungarischer Mathematiker, der Einstein in die Welt von nichteuklidischen, gekrümmten Raumgeometrien einführte

30-SEKUNDEN-TEXT
Leon Clifford

Ein massiver Körper wie die Sonne krümmt die Raumzeit, sodass ein Objekt wie die Erde, das sich in einer geraden Linie bewegt, einem gekrümmten Weg folgt.

28. Dezember 1882
Geburt in Kendal im
englischen Seengebiet

1902
Bachelor of Science am
Owens College,
Manchester

1903
Mathematikstipendium am
Trinity College, Cambridge

1905
Master of Science an der
Universität Cambridge

1906
Ernennung zum
Chefassistenten am
Königlichen Observatorium
in Greenwich

1907
Wahl zum Fellow am *Trinity
College*, Cambridge

1913
Plumian Professor für
Astronomie in Cambridge

1914
Ernennung zum Direktor
des Observatoriums der
Universität Cambridge

1916
Freistellung vom Militär-
dienst im Ersten Weltkrieg

1919
Messung der Ablenkung
des Sternenlichts während
einer Sonnenfinsternis

1923
*The Mathematical Theory
of Relativity* (deutsch 1925
*Relativitätstheorie in
mathematischer
Behandlung*)

1928
*The Nature of the Physical
World* (deutsch 1931 *Das
Weltbild der Physik und ein
Versuch seiner philosophi-
schen Deutung*)

1930
Ritterschlag durch König
Georg V.

22. November 1944
Tod in Cambridge

ARTHUR EDDINGTON

Arthur Eddington sorgte für die Verbreitung der Allgemeinen Relativitätstheorie in der englischsprachigen Welt und fand während der Sonnenfinsternis von 1919 eindrückliche Beweise dafür. Damit trug er wesentlich zu Einsteins internationaler Berühmtheit bei.

Eddington war durch seine Vorbildung wie dazu bestimmt, Einsteins komplexe Theorie zu verstehen. Mit gerade einmal 19 Jahren schloss er 1902 sein Studium der Physik mit Bestnoten ab. Drei Jahre später folgte ein Master in Mathematik. Später, mit 24 Jahren, arbeitete er aber nicht etwa als Physiker oder Mathematiker, sondern als Assistenz-Astronom am namhaften Königlichen Observatorium von Greenwich. In den drei Fachgebieten Physik, Mathematik und Astronomie zu Hause, entwickelte er sich schon bald zu einem der führenden Astrophysiker Großbritanniens. 1914 wurde er Mitglied der *Royal Society* und Direktor des Observatoriums der Universität Cambridge.

Eddington war wie Einstein engagierter Pazifist. Die Universität Cambridge ließ ihn 1916 bei der Einführung der Wehrpflicht mit der Begründung freistellen, dass seine Arbeit in der Astrophysik von nationaler Bedeutung sei. Ob dies den Tatsachen entspricht oder nicht, ist umstritten, aber die wissenschaftliche Bedeutung seiner Arbeit war schon damals unanfechtbar: Sie reichte von der Untersuchung der inneren Zusammensetzung von Sternen bis hin zur Betrachtung der Dynamik von Sternhaufen. 1916 war auch das Jahr, als Eddington die Allgemeine Relativitätstheorie kennenlernte, deren Tragweite er sofort erkannte.

Einstein hatte darin eine These zur Krümmung des Lichts durch die Sonne aufgestellt, die man nur während einer totalen Sonnenfinsternis testen konnte. Da Eddington unbedingt als Erster diese Überprüfung durchführen wollte, organisierte er während der Sonnenfinsternis im Mai 1919 Expeditionen nach Brasilien und auf eine afrikanische Insel. Sechs Monate später, nach der sorgfältigen Analyse der Ergebnisse durch Eddington, gab die *Royal Society* bekannt, dass sich Einsteins Theorie bestätigt hatte. Zum Erstaunen aller – nicht zuletzt Eddingtons und Einsteins selbst – begeisterte sich die Presse für diese unkonventionelle Nachricht, und so machte sie schon bald Schlagzeilen auf der ganzen Welt. Damit hatte Eddington, wissentlich oder unbewusst, die Einstein-Manie begründet.

Er blieb sein Leben lang ein engagierter Vertreter der Relativitätstheorie. Einstein pries kurz vor seinem Tod Eddingtons Buch *The Mathematical Theory of Relativity* als »die ausgezeichnetste Darlegung des Themas in irgendeiner Sprache«.

Eddington schrieb auch populäre Wissenschaftsbücher wie *Das Weltbild der Physik und ein Versuch seiner philosophischen Deutung* und prägte unvergessliche Begriffe wie »Pfeil der Zeit« und »das absolut Andere« in dem Versuch, Einsteins komplexe Ideen für eine allgemeine Leserschaft verständlich zu machen. Als er 1944 starb, war er Sir Arthur Eddington – 1930 zum Ritter geschlagen.

Andrew May

DIE NOTWENDIGKEIT EINER NEUEN MATHEMATIK

Das 30-Sekunden-Quantum

3-SEKUNDEN-QUÄNTCHEN
Die Allgemeine Relativitätstheorie war so revolutionär, dass Einstein eine neuartige Mathematik benötigte, um diese Physik in Form von Gleichungen beschreiben zu können.

3-MINUTEN-GEDANKE
Physiker suchen gern in der reinen Mathematik nach obskuren Ideen. James Clerk Maxwells Gleichungen spannten imaginäre Zahlen ein. Einstein nahm eine Anwendung für nichteuklidische Geometrie und Tensorkalküle zu Hilfe. Paul Dirac benutzte eine hochspezialisierte Form der Algebra, die von modernen Theoretikern aufgebaut wurde. Einige Physiker glauben, dass es eine tiefe Beziehung zwischen der Mathematik und der Realität gibt. Welche neuen Entdeckungen in der Physik schlummern wohl noch in den Theoremen der reinen Mathematik?

Die allgemeine Relativität erfordert eine nichteuklidische Geometrie und eine gekrümmte Raumzeit, die nicht mit konventioneller Mathematik beschrieben werden kann – ein möglicher Stolperstein für die Allgemeine Relativitätstheorie. Glücklicherweise hatten die Mathematiker im 19. Jahrhundert genau die Art von Mathematik entwickelt, die Einstein benötigte: die Manipulation komplizierter Wertebereiche, Matrizes nicht unähnlich, die als Tensoren bezeichnet werden. Eine Matrix beschreibt eine mathematische Transformation, bei der ein Zustand innerhalb eines euklidischen Raumes auf einen anderen abgebildet wird. Tensoren beschreiben solche Transformationen in nichteuklidischen Räumen mit der Flexibilität, die erforderlich ist, um die sich infolge von Gravitationsfeldern ändernde Krümmung der Raumzeit darzustellen. Tensoren sind komplexe mathematische Objekte, die sich ungewöhnlich verhalten. Sie erfordern eine maßgeschneiderte Notation und eine Erweiterung der Infinitesimalrechnung. Die Eigenschaften der Tensoren, die Notation zu ihrer Beschreibung und auch die Regeln der Infinitesimalrechnung zu ihrer Handhabung wurden alle ausgearbeitet, bevor Einstein sie benötigte. Mit Marcel Grossmans Unterstützung lernte Einstein die Techniken des Tensorkalküls in ausreichendem Maße beherrschen, um seine Theorie in eine Reihe eleganter mathematischer Gleichungen zu fassen.

VERWANDTE THEMEN
EINE KRÜMMUNG IN
RAUM & ZEIT
Seite 118

DIE GLEICHUNGEN
Seite 126

3-SEKUNDEN-BIOGRAFIEN
ELWIN BRUNO CHRISTOFFEL
1829–1900
Deutscher Mathematiker und Physiker, der eine Notation für die in der Allgemeinen Relativitätstheorie verwendeten Tensoren schuf

WOLDEMAR VOIGT
1850–1919
Deutscher Physiker und Mathematiker, der den Begriff Tensor auf die komplizierten, matrixähnlichen mathematischen Objekte der Allgemeinen Relativitätstheorie anwendete

30-SEKUNDEN-TEXT
Leon Clifford

Die Gleichungen der Allgemeinen Relativitätstheorie nutzen die Geometrie des gekrümmten Raumes und multidimensionale Objekte, die man als Tensoren bezeichnet.

DAS WETTRENNEN MIT DAVID HILBERT

Das 30-Sekunden-Quantum

Neben Einstein arbeitete auch
der deutsche Mathematiker David Hilbert an einer Allgemeinen Relativitätstheorie. Hilbert war fasziniert von der mathematischen Herausforderung, physikalische Gesetze in einer Form auszudrücken, in der sie stets in gleicher Weise gelten, unabhängig vom Bezugsrahmen. Im Gegensatz zur Speziellen Relativitätstheorie sollten sie nicht von einem bestimmten Koordinatensystem abhängen und somit eine generelle Kovarianz abbilden. Hilbert ging die Herausforderung mathematisch an und machte sich auf die Suche nach allgemein kovarianten Gleichungen für die Relativität, während Einstein das Problem mit dem Blick des Physikers betrachtete. Hilbert und Einstein kannten einander und auch die Arbeit des jeweils anderen, da sie miteinander kommunizierten. Sie schlossen ihre Herleitung der Feldgleichungen der Allgemeinen Relativitätstheorie praktisch gleichzeitig ab. Hilbert legte einen Entwurf seines betreffenden Aufsatzes 1915 Einstein vor, doch Einsteins Beitrag wurde zuerst publiziert. Einstein trug das Wesentliche zu den Grundlagen der Allgemeinen Relativitätstheorie bei, aber Hilbert fand als Erster heraus, wie der entscheidende letzte Schritt zu machen war. Es bleibt ungewiss, wie sehr sich die beiden Männer gegenseitig beeinflussten und ob Hilberts Arbeit Einstein bei der Problemlösung half. Hilbert stellte zeitlebens nie den Anspruch, für die Allgemeine Relativitätstheorie mit verantwortlich zu sein.

3-SEKUNDEN-BIOGRAFIEN
ERNST MACH
1838–1916
Österreichischer Physiker, dessen Vorstellung, dass die Makrostruktur des Universums sich auf die physikalischen Gesetze auswirkt, Einsteins Ansatz beeinflusste

DAVID HILBERT
1862–1943
Herausragender deutscher Mathematiker, der wesentlich zu den modernen mathematischen Konzepten beitrug

30-SEKUNDEN-TEXT
Leon Clifford

In einem Wettrennen mit dem großen deutschen Mathematiker David Hilbert schloss Einstein die Allgemeine Relativitätstheorie als Erster ab.

3-SEKUNDEN-QUÄNTCHEN
Der deutsche Mathematiker David Hilbert leitete die Feldgleichungen der allgemeinen Relativität beinahe zur selben Zeit wie Einstein her.

3-MINUTEN-GEDANKE
An der Schwelle zum 20. Jahrhundert war die Physik reif für die Relativität. Zahlreiche Mathematiker und Physiker arbeiteten eifrig zu den Phänomenen, die Einstein erfolgreich unter ein Dach brachte. Es bestehen deshalb kaum Zweifel, dass die Relativitätstheorien auch ohne Einsteins große intellektuelle Anstrengung entwickelt worden wären. Hätte die Geschichte eine andere Wendung genommen, würden wir jetzt vielleicht über Hendrik Lorentz' Theorie der speziellen Relativität und David Hilberts Theorie der allgemeinen Relativität sprechen.

DIE GLEICHUNGEN

Das 30-Sekunden-Quantum

In vier Ende 1915 veröffentlichten
Beiträgen legte Einstein seine Theorie der Allgemeinen Relativitätstheorie dar. Der letzte, kurze Aufsatz trug den Titel »Die Feldgleichungen der Gravitation« und enthielt die mathematische Formulierung der Allgemeinen Relativitätstheorie. Darin präsentiert Einstein eine Tensorbeziehung mit einem Satz von zehn Gleichungen, die er als allgemein kovariant beschreibt. Somit müssten sie immer und überall gelten, in allen Bezugsrahmen und in jedem Koordinatensystem. Mathematisch gesehen haben die Gleichungen die Form eines Satzes nichtlinearer partieller Differentialgleichungen und beschreiben die Krümmung der Raumzeit. Die Gleichungen stehen im Einklang mit den grundlegenden physikalischen Gesetzen der Energie- und Impulserhaltung. Da es nichtlineare Gleichungen sind, haben sie nicht immer eine Lösung, z. B. bei starken, sich ändernden Krümmungen der Raumzeit, so bei zwei schwarzen Löchern, die sich umkreisen. Wenn das Gravitationsfeld sehr schwach und der Raum nicht gekrümmt ist, können die Gleichungen vereinfacht werden, sodass sie mit der Speziellen Relativitätstheorie übereinstimmen. Bei schwachen Gravitationsfeldern und Geschwindigkeiten deutlich unterhalb der Lichtgeschwindigkeit entsprechen sie den Newtonschen Gesetzen.

3-SEKUNDEN-QUÄNTCHEN
Zehn Gleichungen bilden den Kern der Allgemeinen Relativitätstheorie, die beschreibt, wie ein Gravitationsfeld durch das Vorhandensein von Masse und Energie die Raumzeit krümmt.

3-MINUTEN-GEDANKE
Einstein löste mit der Allgemeinen Relativitätstheorie ein astronomisches Geheimnis auf, das die Forscher verwirrt hatte. Die Umlaufbahn des Merkur verhält sich nicht so, wie es nach den Newtonschen Gesetzen zu erwarten ist. Der Punkt, an dem die Umlaufbahn des Merkur der Sonne am nächsten kommt, das Perihel, bewegt sich geringfügig schneller um die Sonne, als er es nach den Newtonschen Gesetzen tun sollte. Einsteins Gleichungen beruhen genau auf dieser geheimnisvollen Variation der Merkur-Umlaufbahn.

VERWANDTE THEMEN
SCHWARZE LÖCHER
Seite 134

DIE KOSMOLOGISCHE KONSTANTE
Seite 140

EINHEITLICHE FELDTHEORIEN
Seite 150

3-SEKUNDEN-BIOGRAFIEN
ISAAC NEWTON
1643–1727
Englischer Physiker und Mathematiker, dessen Gesetze die Umlaufbahnen der Planeten um die Sonne beschreiben

GEORGE FRANCIS ELLIS
geb. 1939
Südafrikanischer Physiker, der neue Lösungen für die Feldgleichungen mit kosmologischen Implikationen entdeckte

30-SEKUNDEN-TEXT
Leon Clifford

Einen ersten Erfolg feierte Einstein mit seinen Gleichungen bei der von Newton abweichenden Vorhersage der Umlaufbahn des Merkur.

EDDINGTONS EXPEDITION
Das 30-Sekunden-Quantum

Nach Einsteins Theorie der gekrümmten Raumzeit sollte das Licht eines entfernten Sterns gerade messbar gekrümmt werden, wenn der Lichtstrahl die Sonne in unmittelbarer Nähe passiert. Auch Newtons Theorie sieht unter gewissen Voraussetzungen eine Ablenkung des Lichts vor, aber nur um die Hälfte. So sollte es möglich sein, die tatsächliche Ablenkung mit einer der beiden Theorien zu verbinden, indem man die Krümmung misst. 1916 forderte Einstein Astronomen genau dazu auf. Die erforderlichen Beobachtungen mussten während einer totalen Sonnenfinsternis vorgenommen werden, denn nur zu dieser Zeit sind die Sterne in Sonnennähe sichtbar. Die nächste sich für die Messungen eignende Sonnenfinsternis sollte am 29. Mai 1919 eintreten und sich von Südamerika in Richtung Äquatorialafrika bewegen. Der britische Astronom Arthur Eddington organisierte zwei Expeditionen: Ein Team schickte er nach Sobral in Brasilien, während sein eigenes sich auf die Insel Principe vor der Küste Afrikas begab. Trotz zahlreicher frustrierender Probleme, darunter bewölkter Himmel über Principe und Gluthitze in Sobral, waren die Expeditionen erfolgreich und Eddington konnte den Triumph von Einstein verkünden.

3-SEKUNDEN-QUÄNTCHEN
Die erste experimentelle Bestätigung von Einsteins Allgemeiner Relativitätstheorie erfolgte 1919, als Eddington die Ablenkung des Sternenlichts während einer totalen Sonnenfinsternis messen konnte.

3-MINUTEN-GEDANKE
Obwohl seinerzeit allgemein als Beleg für die Richtigkeit von Einsteins Theorie akzeptiert, waren Eddingtons Beobachtungen keinesfalls schlüssig. Bei der Auswertung der Fotos stellte man fest, dass in den meisten Fällen sowohl Einsteins als auch Newtons Vorhersage zutraf. Die durchschnittliche Ablenkung kam dem Einstein'schen Wert sehr nahe, aber nur, weil Eddington Messungen verwarf, die seinen Erwartungen nicht entsprachen. Spätere Messungen bestätigten Einsteins Theorie mit weit größerer Sicherheit.

VERWANDTE THEMEN
EINE KRÜMMUNG IN
RAUM & ZEIT
Seite 118

DER GRAVITATIONS-
LINSENEFFEKT
Seite 136

3-SEKUNDEN-BIOGRAPHIE
ARTHUR EDDINGTON
1882–1944
Englischer Astrophysiker, der zur Popularisierung der Naturwissenschaften beitrug, und zentrale Figur für die Allgemeine Relativitätstheorie

30-SEKUNDEN-TEXT
Andrew May

Arthur Eddington beobachtete während einer Sonnenfinsternis, wie Sterne in der Nähe der Sonne ihre Position verändern, um die Allgemeine Relativitätstheorie zu überprüfen.

EINSTEINS UNIVERSUM

BICEP2 Das Teleskop BICEP2 (*Background Imaging of Cosmic Extragalactic Polarization*) am Südpol ist ein empfindlicher elektromagnetischer Detektor, mit dem die Polarisation der kosmischen Mikrowellenhintergrundstrahlung untersucht wird.

Binärpulsar Ein Pulsar ist ein sich schnell drehender Neutronenstern, der nach dem Ende der Lebenszeit eines Sterns entsteht und regelmäßige elektromagnetische Impulse ausstrahlt, einem Leuchtturm nicht unähnlich. Einige Pulsare haben einen Begleitstern. Die Pulsrate solcher Binärpulsare nimmt zyklisch zu und ab, was sie zu einer potenziellen Quelle von Gravitationswellen macht.

Dunkle Energie Seit dem frühen 20. Jahrhundert ist bekannt, dass sich das Universum ständig weiter ausdehnt. Vor kurzem ist aber auch festgestellt worden, dass sich diese Ausdehnung beschleunigt. Eine solche Beschleunigung muss von etwas angetrieben werden. Dieses Etwas wird als dunkle Energie bezeichnet, die aber bisher noch auf eine schlüssige Erklärung wartet. Etwa 68 Prozent der Masse/Energie im Universum ist dunkle Energie.

Dunkle Materie Eine hypothetische Substanz, die nur über die Gravitation mit anderen Stoffen interagiert. Ohne elektromagnetische Wechselwirkung ist sie nicht zu sehen und kann unentdeckt durch gewöhnliche Materie dringen. Die Existenz der Dunklen Materie wird aus astronomischen Phänomenen gefolgert, insbesondere aus der schnellen Rotation der Galaxien, die auseinanderfliegen würden, wäre dort unnachweisbare Materie vorhanden. Es wird geschätzt, dass im Universum etwa fünfmal so viel Dunkle Materie wie normale Materie existiert, was 27 Prozent der Gesamtmasse/-energie entspricht.

Interferometrie Messung, die auf der Überlagerung zweier Lichtstrahlen basiert. Lichtstrahlen gleicher Frequenz verlaufen erst auf verschiedenen Wegen und werden dann zusammengeführt. Daraus folgt entweder eine Verstärkung der Wellen zu einer hellen Region oder deren Brechung, sodass es dunkel wird. Wenn man Lichtstrahlen auf unterschiedlich langen, im rechten Winkel zueinander stehenden Wegen aussendet, kann man nach kleinen Veränderungen in der Umgebung suchen, die diese Strahlen durch die Verschiebung im Interferenzmuster beeinflussen.

Kosmische Mikrowellenhintergrund-strahlung Etwa 380 000 Jahre nach dem Urknall hatte sich das Universum ausreichend abgekühlt, damit sich ungeladene Atome bilden konnten und das Licht sich erstmals ungehindert ausbreitete. Seither reist dieses Licht immer weiter. Die für die Erkennung dieser uralten Strahlung entwickelten Sonden zeigen abgesehen von winzigen Schwankungen, die die früheste Variation in der Dichte widerspiegeln, eine nahezu gleichmäßige Verteilung in alle Richtungen.

Kosmologische Konstante Einsteins Gravitationsgleichungen ergaben, dass sich das Universum immer weiter ausdehnen würde. Um dies zu verhindern, benutzte er eine Konstante, die er mit dem griechischen Buchstaben Lambda abkürzte (Λ), die eine zusätzliche Massenanziehung hinzufügt. Ein modifizierter Wert dieser Konstante steht für die Dunkle Energie, die die beschleunigte Expansion des Universums verursachen soll.

Quasar Quasare sind Quellen elektromagnetischer Strahlung in großer Entfernung von der Erde, die dennoch oft heller als Galaxien leuchten. Man vermutet, sie seien die Energie, die abgestrahlt wird, wenn Materie im Herzen einer entfernten Galaxie in ein Schwarzes Loch gezogen wird – die meisten davon vor mehr als 12 Milliarden Jahren entstanden.

Singularität Wenn ein Stern zusammenbricht, um ein Schwarzes Loch zu bilden, endet er schließlich als Singularität, in der die ganze Masse des Sterns zu einem unendlich kleinen Punkt verdichtet ist. Singularitäten sind hochspekulativ, da die derzeit zur Verfügung stehende Physik unter diesen Bedingungen versagt.

Supernova Eine Supernova ist eine Sternenexplosion, die viel heller als der ursprüngliche Stern ist und dabei in ein paar Monaten so viel Energie abgibt wie der Stern zuvor in seinem ganzen Leben. Supernovae treten auf, wenn ein großer Stern zusammenbricht oder ein alter Stern zusätzliches Material anzieht (z. B. von einem anderen Stern, der ihn umkreist), was eine thermonukleare Explosion auslöst. Einige Supernovas sind gute »Standardkerzen«, um den Standort entfernter Galaxien zu bestimmen.

Schwache Wechselwirkung Es gibt vier Naturkräfte: starke und schwache Wechselwirkung, Elektromagnetismus und Gravitation. Die schwache Wechselwirkung wirkt bei der Kernspaltung und dem radioaktiven Zerfall und führt oft zu einer Umwandlung eines Quantenteilchens in ein oder mehrere andere Quantenteilchen.

SCHWARZE LÖCHER

Das 30-Sekunden-Quantum

3-SEKUNDEN-QUÄNTCHEN
Schwarze Löcher sind
große Sterne, nach ihrem
Tod infolge der eigenen
Gravitation zu einem (theo-
retisch) unendlich kleinen
Punkt verdichtet, aus dem
kein Licht entweicht.

3-MINUTEN-GEDANKE
Der britische Physiker
Stephen Hawking stellte
in den 1970er-Jahren die
These auf, dass schwarze
Löcher weder wirklich
schwarz noch kosmische
Endstationen sind. Wegen
der Quanteneffekte an
ihrem Ereignishorizont
nahm er an, dass sie Energie abgeben, die allmählich
ihre Masse aufbraucht, bis
sie schließlich verdampfen.
Diese Hawking-Strahlung
wurde noch nicht ent-
deckt. Hawkings Theorie
sagt auch die Existenz von
kleinen Schwarzen Löchern
mit einem Gewicht von
wenigen Mikrogramm
voraus.

Schon im 18. Jahrhundert wuss-
ten die Forscher, dass das Gravitationsfeld eines
großen Sterns so stark sein dürfte, dass kein Licht
mehr entwich. Als jedoch im frühen 20. Jahrhundert
Einsteins Allgemeine Relativitätstheorie Newtons
Gravitationstheorie verdrängte, nahm die Wirklichkeit weit fremdere Züge an. Geht einem großen Stern
der Treibstoff aus und strahlt er keine Energie mehr
ab, die seiner Masse Auftrieb verleiht, lässt ihn nach
Einsteins Gleichungen seine eigene Schwerkraft in
sich zusammenfallen. Überschreitet die Massen-
konzentration einen bestimmten Wert, dauert der
Zusammenfall an, bis sich die gesamte Masse in
einem unendlich kleinen Punkt, der Singularität,
konzentriert. Das Gravitationsfeld krümmt die umgebende Raumzeit, und nichts mehr entkommt aus
dem betreffenden Bereich – nicht einmal Licht. Alles,
was sich dem zusammengebrochenen Stern bis auf
den sogenannten Ereignishorizont nähert, wird ver-
schluckt und verschwindet. Die Idee erschien damals
zu abwegig. In den 1960er-Jahren wurde jedoch
erneut intensiv zur allgemeinen Relativität geforscht,
und die verdichteten Objekte erhielten den Namen
»Schwarze Löcher«. Seither stützen astronomische
Beobachtungen die These, dass in der Mitte der
meisten Galaxien superschwere Schwarze Löcher
existieren. Eine schlüssige Theorie zu Schwarzen
Löchern erfordert aber zuvor die Vereinigung der
Quantenphysik mit der Gravitationstheorie.

VERWANDTE THEMEN
RAUMZEIT
Seite 66

WURMLÖCHER
Seite 144

3-SEKUNDEN-BIOGRAFIEN
SUBRAHMANYAN
CHANDRASEKHAR
1910–1995
Indischer Astrophysiker und
Wegbereiter der Theorie vom
Gravitationszusammenbruch der
Sterne, der sie gegen verfehlte
Kritik und Spott verteidigte.

JOHN ARCHIBALD WHEELER
1911–2008
Amerikanischer theoretischer
Physiker, der in den 1960er-
Jahren eine Renaissance der all-
gemeinen Relativität einläutete
und den Begriff »Schwarzes
Loch« geprägt haben soll.

30-SEKUNDEN-TEXT
Philip Ball

*Schwarze Löcher, d. h.
Sterne, die die Raum-
zeit so stark krümmten,
dass nicht einmal Licht
entwich, waren eine der
ersten Vermutungen
der Allgemeinen
Relativitätstheorie.*

DER GRAVITATIONS-LINSENEFFEKT

Das 30-Sekunden-Quantum

VERWANDTE THEMEN
EINE KRÜMMUNG IN
RAUM & ZEIT
Seite 118

EDDINGTONS EXPEDITION
Seite 128

3-SEKUNDEN-BIOGRAFIEN
OREST CHWOLSON
1852–1934
Russischer Physiker, der 1924
den ersten Aufsatz zu Gravitationslinsen verfasste

FRITZ ZWICKY
1898–1974
Schweizer Astronom, der 1937
vermutete, dass Galaxienhaufen
einen messbaren Gravitationslinseneffekt erzeugen könnten.
Er war auch der Erste, der
ebenfalls 1937 die Existenz der
Dunklen Materie postulierte

30-SEKUNDEN-TEXT
Rhodri Evans

3-SEKUNDEN-QUÄNTCHEN
Da Objekte im Vordergrund
die Raumzeit krümmen,
wirken sie in Bezug auf
solche im Hintergrund als
Gravitationslinsen und erzeugen mehrere Abbilder,
die sie zudem vergrößern.

3-MINUTEN-GEDANKE
Der Gravitationslinsen-
effekt ermöglicht die Be-
stimmung der Masse von
Körpern im Weltraum und
ist eines der wichtigsten
Beweise für die Theorie,
dass ein Großteil der
Masse von Galaxien und
Galaxienhaufen aus un-
sichtbarer Dunkler Materie
besteht. Wir können aus
dem Linseneffekt in ver-
schiedenen Teilen eines
Galaxienhaufens auf die
Verteilung der Dunklen
Materie schließen.

Arthur Eddington wies 1919 mit
einem der frühesten Experimente zur Allgemeinen
Relativitätstheorie nach, dass die Gravitation Licht
gemäß Einsteins Gleichungen beugt. 1924 postulierte
Orest Chwolson, dass Licht aus einer Quelle im
Hintergrund von einem Vordergrundobjekt, das als
Gravitationslinse wirkt, in einem Bogen abgelenkt
wird. Einstein berechnete den Effekt 1936, und 1937
schlug Fritz Zwicky vor, dass Galaxienhaufen in Bezug
auf Hintergrundobjekte als Gravitationslinsen wirken.
Dies wurde erstmals 1979 beobachtet, als man zwei
Quasare mit identischer Rotverschiebung entdeckte.
Anfänglich hielt man sie für zwei unterschiedliche
Erscheinungen, doch eine sorgfältige Analyse ergab,
dass die Beobachter zwei Gravitationslinsen-Abbilder
desselben Quasars sahen. Den Linseneffekt erzeugte
dabei ein Galaxienhaufen im Vordergrund. Mitte der
1990er-Jahre wurde der Gravitationslinseneffekt auch
für einzelne Galaxien beobachtet, ein Phänomen,
das man Mikrolinsen nennt. Im Gegensatz zu einer
normalen Linse ist die Biegung bei einer Gravitationslinse nahe der Mitte des Linsenobjekts am stärksten.
Mithilfe des Ausmaßes des Linseneffekts lässt sich
die Masse des Linsenobjekts bestimmen. Wie eine
herkömmliche Linse können auch Gravitationslinsen-
effekte Körper vergrößern, sodass wir selbst weit
entfernte Objekte beobachten können, die sonst
nicht sichtbar wären.

*Objekte in der Größen-
ordnung von Galaxien
beugen das Licht wie
Linsen. Dabei werden
manchmal mehrere
Abbilder desselben
Körpers erzeugt.*

GRAVITATIONS-WELLEN

Das 30-Sekunden-Quantum

Bei der Ausarbeitung seiner All-
gemeinen Relativitätstheorie kam Einstein schon bald
zu einem bemerkenswerten Schluss: Da oszillierende
elektrische Ladungen elektromagnetische Wellen,
etwa Licht- und Funkwellen erzeugen, müssten
auch Objekte mit starken Gravitationsfeldern bei
ihrer Bewegung in der Raumzeit Wellen hervorrufen,
weil ihre Masse sie verzerrt. In diesen Gravitationswellen wäre die Raumzeit komprimiert und gedehnt.
Die Amplitude solcher Beben wäre nur erkennbar,
wenn die Körper von gigantischen Ausmaßen und
die betreffenden Bewegungen sehr heftig wären: In
Frage kämen etwa ein Stern, der zu einer Supernova
explodiert, oder zwei Schwarze Löcher, die kollidieren.
Gravitationswellen wurden bis in die 1960er-Jahre
weitgehend als Kuriosum betrachtet, bis sich heraus-
stellte, dass sie eine Sichtweise eröffneten, um Ex-
tremereignisse im Kosmos wie die zuvor genannten
beobachten zu können – gerade wie die Radio- und
Röntgenastronomie neue astrophysikalische Objekte
enthüllen. Da sie Verformungen der Raumzeit von nur
etwa 10^{-18} Metern verursachen, fällt ihre Entdeckung
äußerst schwer. Heute suchen Detektoren nach den
von Gravitationswellen erzeugten Veränderungen
bei Lichtstrahlen, die immer wieder durch mehrere
Kilometer lange Röhren hin- und herjagen. Bisher hat
noch niemand Gravitationswellen gesehen, doch die
meisten Forscher sind zuversichtlich, was ihren Nachweis betrifft.

*Gravitationswellen-
detektoren machen
mit ultralangen, recht-
winklig zueinander
stehenden Licht-
strahlen Verzerrungen
in der Raumzeit aus.*

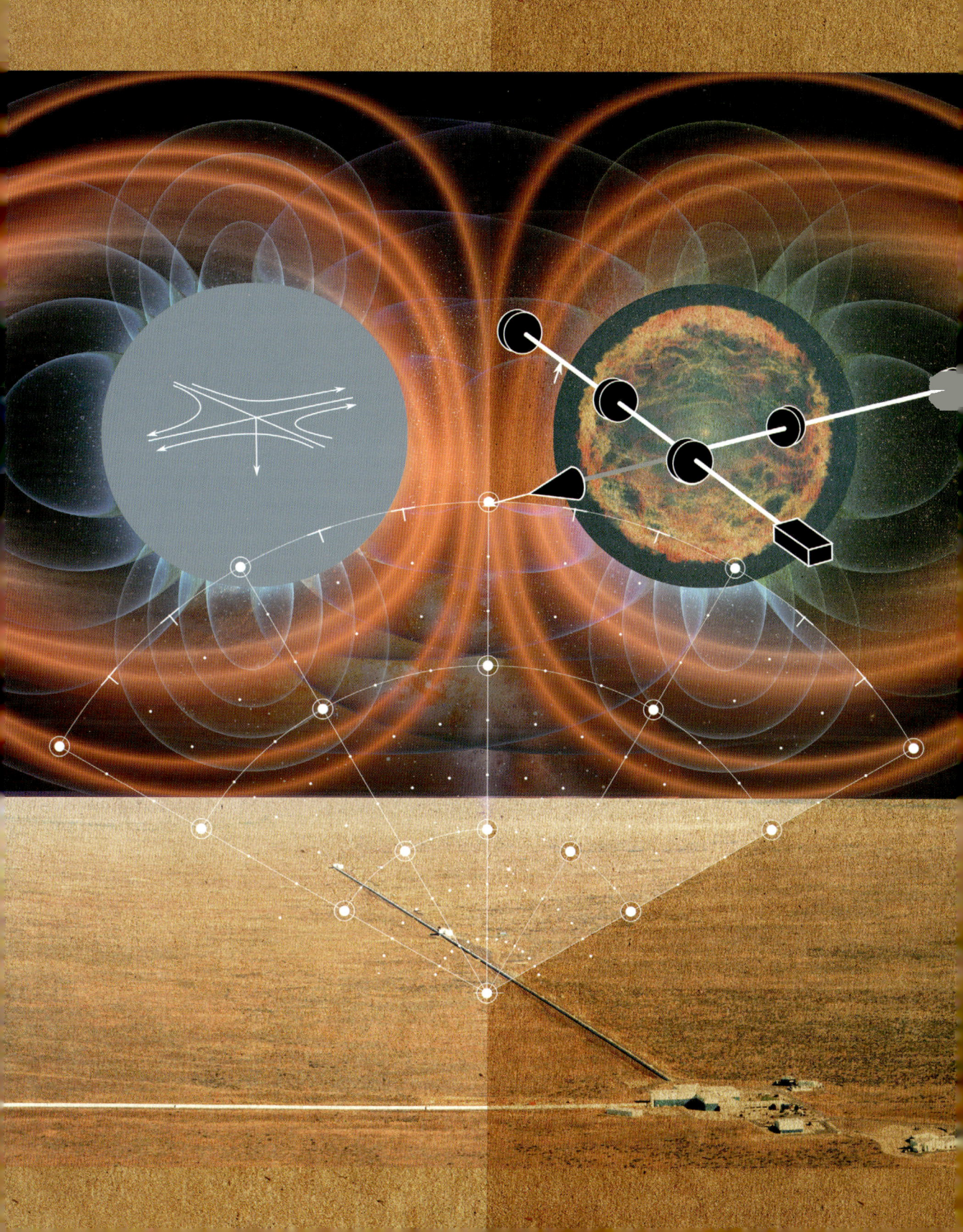

DIE KOSMOLOGISCHE KONSTANTE

Das 30-Sekunden-Quantum

3-SEKUNDEN-QUÄNTCHEN

Einstein führte die kosmologische Konstante ein, um ein statisches Universum zu schaffen, doch heute kann die mit seiner Konstante verbundene Kraft erklären, warum sich dessen Expansion beschleunigt.

3-MINUTEN-GEDANKE

Falls man Dunkle Energie mit der kosmologischen Konstante gleichsetzt, ist ihre Kraft eine Eigenschaft des Raumes selbst. Es gibt Grund zur Annahme, dass sich die Expansion des Universums verlangsamte, als es weniger als halb so alt war wie heute. Mit zunehmender Ausdehnung des Raumes aber wurde die Wirkung der kosmologischen Konstanten immer dominanter, und so beschleunigte sich die Expansion. Theorien sagen voraus, dass die Expansion des Universums immer schneller wird.

1917 erkannte Einstein, dass das Universum nach seiner Gravitationstheorie entgegen den damaligen Annahmen nicht statisch sein konnte. Er führte daher die kosmologische Konstante ein – einen zusätzlichen Wert, der in seine allgemeinen Relativitätsgleichungen eingefügt wurde und eine theoretische Kraft schuf, die der Anziehungskraft der Gravitation entgegenwirkte und das Universum statisch machte. 1929 entdeckte Edwin Hubble, dass sich das Universum ausdehnt. Dies führte dazu, dass Einstein die Idee der kosmologischen Konstante aufgab und deren Einführung als den größten Fehler seines Lebens bezeichnete. So verschwand die Idee der kosmologischen Konstante bis in die 1990er-Jahre in der Versenkung. 1998 aber verkündeten zwei Teams die überraschende Entdeckung, dass die Expansion des Universums zunehmend schneller wird. Sie hatten das heutige Expansionstempo des Universums gemessen und dieses mit dem Tempo zu der Zeit verglichen, als das Universum etwa halb so alt war. Die Forschergemeinde erwartete, dass sich die Expansion aufgrund der Gravitation verlangsamt hatte. Stattdessen fanden sie heraus, dass das Expansionstempo des Universums gegenüber der Vergangenheit zugenommen hat. Diese sich beschleunigende Expansion wird der Dunklen Energie zugeschrieben. Es existieren zwar auch andere mögliche Erklärungen für die Dunkle Energie, aber die verbreitetste ist Einsteins kosmologische Konstante.

VERWANDTE THEMEN

EINE KRÜMMUNG
IN RAUM & ZEIT
Seite 118

DER GRAVITATIONSLINSEN-EFFEKT
Seite 136

SICH AUSDEHNENDE UNIVERSEN
Seite 142

3-SEKUNDEN-BIOGRAFIEN

EDWIN HUBBLE
1889–1953
Amerikanischer Astronom, der 1929 zeigte, dass die Geschwindigkeit, mit der sich Galaxien von uns entfernen, in direktem Zusammenhang mit ihrer Entfernung von der Erde steht.

MICHAEL TURNER
geb. 1949
Amerikanischer theoretischer Astrophysiker und einer der Verfechter der kosmologischen Konstanten, der den Begriff der »Dunklen Energie« prägte.

30-SEKUNDEN-TEXT

Rhodri Evans

Edwin Hubble entdeckte die Expansion des Universums, die sich, wie man später herausfand, stetig beschleunigt.

SICH AUSDEHNENDE UNIVERSEN

Das 30-Sekunden-Quantum

3-SEKUNDEN-QUÄNTCHEN
Die Zukunft unseres expandierenden Universums ist ungewiss, aber die neuesten Fakten deuten darauf hin, dass sich die Expansion infolge der kosmologischen Konstante fortsetzen und beschleunigen wird.

3-MINUTEN-GEDANKE
Wenn sich die Expansion des Universums weiter beschleunigt, wird das Licht aus anderen Galaxien letztlich so stark nach Rot verschoben, dass es nicht mehr zu beobachten ist. Einzelne Galaxien, Sterne und Atome könnten im apokalyptischen Big Rip, manchmal auch Endknall genannt, auseinandergerissen werden.

In den 1910er-Jahren schloss der am Lowell Observatorium in Arizona arbeitende Vesto Slipher aus der Dopplerverschiebung des Lichtes der Spiralnebel, dass sich die meisten von ihnen von uns entfernen. In den frühen 1920er-Jahren wies Edwin Hubble nach, dass Spiralnebel in Wirklichkeit Galaxien jenseits unserer eigenen Milchstraße waren. 1929 entdeckte Hubble ferner, dass sich in größerer Distanz befindliche Galaxien schneller entfernten: Eine doppelt so weit entfernte Galaxie bewegt sich auch doppelt so schnell von uns weg. Die einfachste Erklärung dafür lautet, dass sich das Universum ausdehnt, wobei sich die Galaxien voneinander entfernen. Seit dieser Entdeckung lautet die Frage: Geht die Expansion des Universums ständig weiter oder wird die Anziehungskraft der Gravitation schließlich seine Expansion beenden und zum Zusammenbruch führen? Eine 1998 gemachte Entdeckung scheint diese Frage zu beantworten: Die Expansion beschleunigt sich und wird nicht langsamer, wie allgemein erwartet. Die Beschleunigung wird oft der kosmologischen Konstante zugeschrieben, einem Bestandteil der Gravitation, den Einstein 1917 eingeführt hatte. Wenn sich der Raum ausdehnt, wird die kosmologische Konstante immer dominanter, was dazu führt, dass das Universum mit stetig wachsender Geschwindigkeit expandiert. Dabei existiert kein bekannter Mechanismus, der dieser Beschleunigung ein Ende bereiten könnte.

VERWANDTE THEMEN
EINE KRÜMMUNG IN RAUM & ZEIT
Seite 118

SCHWARZE LÖCHER
Seite 134

3-SEKUNDEN-BIOGRAFIEN
GEORGES LEMAÎTRE
1894–1966
Belgischer Mathematiker, der vorschlug, dass das Universum durch eine Explosion aus einem äußerst verdichteten Zustand entstand: beim Urknall.

ADAM RIESS
geb. 1969
Amerikanischer Astrophysiker, der Supernovae als Standardkerzen benutzte, um das Expansionstempo des Universums zu messen.

30-SEKUNDEN-TEXT
Rhodri Evans

Je nach Expansionstempo besteht die Möglichkeit, dass das Universum sich erneut zusammenzieht oder sich im bisherigen Tempo oder beschleunigt ausdehnt.

WURMLÖCHER
Das 30-Sekunden-Quantum

Wurmlöcher, auch als Einstein-

Rosen-Brücken bekannt, gehören einfach zur Science-Fiction. Zwar ist ihre Existenz nach wie vor umstritten, aber im Rahmen der Allgemeinen Relativitätstheorie durchaus möglich. Das in den 1930er-Jahren ersonnene Wurmloch nutzt die Art der Verformung, wie sie ein schwarzes Loch in der Raumzeit erzeugt, um einen Ort im Universum mit einem anderen zu verbinden. Üblicherweise stellt man ein Wurmloch dar, indem man die Raumzeit als hälftig gefaltetes zweidimensionales Blatt betrachtet – natürlich existieren weitere Dimensionen, aber für unsere Darstellung sind diese nicht von Belang. Um von einem Punkt in der Mitte der oberen Hälfte des gefalteten Blattes zu einem Punkt in der Mitte der unteren Hälfte zu kommen, muss man normalerweise zweimal die halbe Blattlänge zurücklegen. Könnten wir aber direkt von oben nach unten gelangen, würde der Abstand verschwinden. Grundsätzlich könnte ein Schwarzes Loch, das mit seinem Gegenstück, dem Weißen Loch, verbunden ist, die Raumzeit stark genug verzerren und dazu eine Durchquerung des Wurmlochs ermöglichen, ohne dass man dabei Schaden erleidet. Bisher haben wir aber mit Ausnahme des Urknalls keine Beweise für Weiße Löcher gefunden. Dennoch ist das Spielen mit dem Gedanken ihrer Existenz verlockend.

3-SEKUNDEN-QUÄNTCHEN
Ein Wurmloch, ursprünglich Einstein-Rosen-Brücke genannt, ist ein hypothetisches Gebilde der Allgemeinen Relativitätstheorie, das zwei weit entfernte Punkte in der Raumzeit miteinander verbindet.

3-MINUTEN-GEDANKE
Ein Wurmloch – falls es denn existiert – sollte nach der Relativitätstheorie zusammenbrechen, bevor irgendetwas es passiert hätte. Um die Brücke offen zu halten, wäre eine negative Energie ähnlich der Dunklen Energie erforderlich, von der man annimmt, dass sie die Expansion des Universums verursacht. Bei Wurmlöchern könnte man außerdem ein Ende in schnelle Bewegung versetzen und das andere fixieren. Dabei entstünde eine relativistische Zeitdifferenz und damit eine Zeitmaschine – man könnte in die Vergangenheit reisen.

VERWANDTE THEMEN
EINE KRÜMMUNG IN
RAUM & ZEIT
Seite 118

SCHWARZE LÖCHER
Seite 134

FRAME-DRAGGING &
ZEITREISEN
Seite 146

3-SEKUNDEN-BIOGRAFIEN
NATHAN ROSEN
1909–1995
Amerikanisch-israelischer Physiker, der mit Einstein und Podolsky das EPR entwickelte, und Haupturheber Konzepts der Einstein-Rosen-Brücke

KIP THORNE
geb. 1940
Amerikanischer Physiker und Experte für die astrophysikalischen Konsequenzen der Allgemeinen Relativitätstheorie, darunter auch Wurmlöcher

30-SEKUNDEN-TEXT
Brian Clegg

Ein Wurmloch bildet eine hypothetische Verbindung zwischen zwei Punkten in der Raumzeit als Folge der Verformung der Raumzeit durch Körper.

FRAME-DRAGGING & ZEITREISEN

Das 30-Sekunden-Quantum

Als Einstein seine Feldgleichung

für die Allgemeine Relativitätstheorie ausarbeitete, waren auch einige Nebeneffekte zu berücksichtigen. Einer davon ergab sich aus der Speziellen Relativitätstheorie: Die Massenänderung erzeugt einen kleinen Gravitationseffekt im rechten Winkel zur Bewegungsrichtung, wenn sich ein Objekt bewegt. Dreht es sich, bezeichnet man den Effekt als Frame-Dragging. Er hat eine gewisse Ähnlichkeit mit der Wirkung eines Löffels, der in einem Glas Honig gedreht wird: Der Honig in der Nähe des Löffels wird mitgezogen und der Löffel erzeugt einen Miniaturwirbel. In ähnlicher Weise zieht das Frame-Dragging die den rotierenden Körper umgebende Raumzeit mit. Könnte ein Objekt der Größe eines Zylinders aus Neutronensternen in äußerst schnelle Drehung versetzt werden, so wird behauptet, würde die Raumzeit so verzerrt, dass man eine Zeitreise in die Vergangenheit unternehmen könnte, indem man um den rotierenden Körper kreiste. Der amerikanische Physiker Ronald Mallett postulierte, dass das Frame-Dragging unter der Verwendung kreisender Laserstrahlen (die selbst einen kleinen Frame-Dragging-Effekt erzeugen) zu einer kleinen Zeitverschiebung im Labor führen könnte. Andere Forscher bestreiten Malletts Theorie und dass die Laser eine ausreichend große Wirkung zu entwickeln vermöchten. Noch gibt es keine experimentelle Bestätigung.

3-SEKUNDEN-QUÄNTCHEN
Das Frame-Dragging erzeugt als Nebeneffekt der allgemeinen Relativität einen kleinen Gravitationszug rechtwinklig zu einem Körper in Bewegung, der bei Drehung des Körpers einen Raumzeitwirbel erzeugen könnte.

3-MINUTEN-GEDANKE
Gravity Probe B, das längste Projekt der NASA, bestätigte das Frame-Dragging. Der Start des 1962 geplanten Projekts erfolgte 2004, und 2011 lieferte es die ersten Ergebnisse. Als Gyroskope dienten der Erkennung die vier bislang vollkommensten rotierenden Quarzkugeln, die mit Niob beschichtet waren. Bei einem anderen Experiment war das Frame-Dragging schon vor 2011 beobachtet worden, sodass die NASA die Finanzierung des Gravity Probe B aussetzte, doch dank privater Finanzierung war der Abschluss des Experiments möglich.

VERWANDTE THEMEN
AUSBRUCH AUS DEM TRÄGHEITSRAHMEN
Seite 112

EINE KRÜMMUNG IN RAUM & ZEIT
Seite 118

WURMLÖCHER
Seite 144

3-SEKUNDEN-BIOGRAFIEN
FRANCIS EVERITT
geb. 1934
Britisch-amerikanischer Physiker, dessen Lebenswerk das Gravity-Probe-B-Projekt war

RONALD MALLETT
geb. 1945
Amerikanischer Physiker, dessen Arbeit zur Allgemeinen Relativitätstheorie ihn möglicherweise der Erfüllung eines Kindheitstraums nähergebracht hat – dem Bau einer Zeitmaschine.

30-SEKUNDEN-TEXT
Brian Clegg

Dreht sich ein sehr großer Körper, bewirkt der Frame-Dragging-Effekt, dass er die Raumzeit um sich herum mit in Drehung versetzt.

9. Juli 1911
Geburt in Jacksonville, Florida

1927
Stipendium an der *Johns Hopkins University* in Baltimore

1933
Promotion in Physik

1934
Umzug nach Kopenhagen zu gemeinsamen Forschungen mit Niels Bohr

1938
Assistenzprofessor für Physik an der *Princeton University*

1942
Mitarbeit am Manhattan-Projekt zur Entwicklung der Atombombe

1945
Nach dem Krieg Rückkehr nach Princeton

1949
Mitarbeit bei der Entwicklung der Wasserstoffbombe

1967
Popularisierung des Begriffs »Schwarzes Loch«

1973
Co-Autor von *Gravitation*, einem umfassenden Lehrbuch für Studenten über die allgemeine Relativität

1976
Professor für theoretische Physik an der *University of Texas at Austin*

1986
Als emeritierter Professor Rückkehr nach Princeton

1988
Erhält von der Albert-Einstein-Gesellschaft die Einstein-Medaille

13. April 2008
Tod in Hightstown, New Jersey

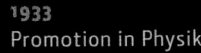

JOHN ARCHIBALD WHEELER

John Archibald Wheeler trug mit dazu bei, dass Einsteins Allgemeine Relativitätstheorie, die jahrelang als undurchschaubare Nischenhypothese galt, in der Standardphysik Einzug hielt, und verhalf einer ihrer faszinierendsten Erscheinungen zu Berühmtheit: Schwarzen Löchern.

Der junge Wheeler studierte als Wunderkind bereits mit 16 mit einem Stipendium und promovierte mit 21. Im Jahr darauf forschte er in Kopenhagen mit Niels Bohr, einer der großen Figuren der Physik des 20. Jahrhunderts. 1938 wurde er als Assistenzprofessor für Physik nach Princeton berufen, der Stadt, in der Einstein seit 1933 am *Institute for Advanced Study* wirkte. Die beiden wurden gute Freunde, und Wheeler hielt in Einsteins Haus gelegentlich Seminare mit seinen Studenten ab.

Wheelers Hauptinteresse galt zu Beginn seiner Forscherkarriere der Kernphysik, und so verfasste er 1939 mit Niels Bohr eine Abhandlung zum Mechanismus der Kernspaltung. Da war es nur logisch, dass Wheeler später am Manhattan-Projekt mitarbeitete, dessen Ziel im Bau einer Atombombe bestand. In Hanford im Bundesstaat Washington wirkte er bei der Konstruktion von Atomreaktoren mit, in denen für die Bombe benötigte Isotope produziert wurden.

Nach dem Krieg kehrte Wheeler nach Princeton zurück, trat aber 1949 erneut in die Dienste der Regierung, um an der Entwicklung der noch stärkeren Wasserstoffbombe mitzuwirken. Da ein Teil des dazu ins Leben gerufenen Matterhorn-Projekts in Princeton stattfand, konnte Wheeler seine akademische Karriere parallel zur Regierungsarbeit weiterverfolgen. In den frühen 1950er-Jahren hielt er erste Vorlesungen zur Allgemeinen Relativitätstheorie ab, die damals kaum mehr bekannt war. Er diskutierte auch mit dem alternden Einstein intensiv über die Möglichkeit einer »einheitlichen Feldtheorie«, die in Erweiterung der Allgemeinen Relativitätstheorie die elektromagnetischen Kräfte und die Gravitation vereinte.

Dank Wheelers Bemühungen fand die Allgemeine Relativitätstheorie allmählich Einzug in die universitäre Lehre der Physik und erlangte zumindest durch ein Phänomen allgemeine Bekanntheit: die Schwarzen Löcher. Häufig wird behauptet, Wheeler habe 1967 den Begriff als Erster verwendet, auch wenn er bereits 1964 erstmals bei einem Treffen der *American Association for the Advancement of Science* zu hören war – allerdings ist nicht bekannt, wer ihn aussprach. Mit Sicherheit aber ist Wheeler für die so selbstverständliche Verwendung des Begriffs des Schwarzen Lochs verantwortlich. Für den Rest seines langen Lebens ein vehementer Verfechter von Einsteins Theorie, verstarb er 2008 im Alter von 96 Jahren.

Andrew May

EINHEITLICHE FELDTHEORIEN

Das 30-Sekunden-Quantum

3-SEKUNDEN-QUÄNTCHEN
Eine einheitliche Feld-
theorie, die die Allgemeine
Relativitätstheorie und die
Quantenmechanik vereint,
ist der Heilige Gral der
Physik – und wie dieser
noch immer unentdeckt.

3-MINUTEN-GEDANKE
Einstein scherzte einmal
über seine quantisierten
Schwingungen, dass alles
Schwingung sei. In dieser
Aussage steckte vielleicht
mehr Wahrheit, als er sich
damals vorstellen konnte.
Einige Physiker vertreten
die Ansicht, Stringtheorien
könnten zur Vereinigung
von Quantenmechanik
und Allgemeiner Relati-
vitätstheorie beitragen.
Diese Theorien beschreiben
Teilchen als winzige
vibrierende Strings mit verschiedenen Schwingungs-
arten, die verschiedene
Teilchentypen erzeugen. In
diesem Modell besteht das
gesamte Universum aus
vibrierenden Strings.

Einsteins größte Beiträge zur

Physik – die Quanten und die Allgemeine Relativitätstheorie – sind nicht kompatibel: Die Quanten-
mechanik beschreibt das Universum auf sehr kleinem
Maßstab, während die allgemeine Relativität eine
Gravitationstheorie ist und das Universum in größtem
Maßstab erfassen hilft. Beide erklären Kräfte wie
Elektromagnetismus und Gravitation in Form von
Feldern, lassen sich aber nicht vereinen. Einstein versuchte sich lange Jahre erfolglos an der Ausarbeitung
einer einheitlichen Feldtheorie, und auch heute noch
arbeiten Physiker an einer Lösung dieses Problems.
Die Spezielle Relativitätstheorie wurde 1928 durch
den großen Physiker Paul Dirac erfolgreich mit der
Quantenmechanik zusammengebracht. In den 1970er-
Jahren gesellte sich die schwache Wechselwirkung
dazu, doch alle bisherigen Versuche einer Einbezie-
hung der Gravitation sind gescheitert. Die Physiker
waren nicht in der Lage, das durch die Gleichungen
der Allgemeinen Relativitätstheorie beschriebene Gravitationsfeld in gleicher Weise zu quantisieren, wie sie
es für das elektromagnetische Feld getan hatten, das
den Gleichungen von James Clerk Maxwell folgt. Die
Physiker vermuten in Analogie zum Photon, einem
Quant der elektromagnetischen Kraft, die Existenz
eines Quantenteilchens der Gravitationskraft – des
Gravitons. Aber bisher hat noch niemand ein Graviton
gefunden. Die Suche geht weiter.

VERWANDTE THEMEN
DIE GLEICHUNGEN
Seite 126

GRAVITATIONSWELLEN
Seite 138

JOHN WHEELER
Seite 148

3-SEKUNDEN-BIOGRAFIEN
JAMES CLERK MAXWELL
1831–1879
Schottischer Physiker, der Elektrizität, Licht und Magnetismus
in einer Theorie vereinte

PAUL DIRAC
1902–1984
Englischer Physiker, der die
spezielle Relativität mit der
Quantenmechanik zur Quanten-
elektrodynamik (QED) vereinte

30-SEKUNDEN-TEXT
Leon Clifford

*Die Quantentheorie
erklärt mit Erfolg die
im Kleinen, die All-
gemeine Relativitäts-
theorie die im
Großen wirkende
Gravitation, aber die
beiden Theorien sind
inkompatibel.*

ANHANG ◑

QUELLEN

BÜCHER

Albert Einstein: Pocket Giants
Andrew May
(The History Press, 2016)

Antimaterie
Frank Close
(Springer, 2010)

Vor dem Urknall: Eine Reise hinter den Anfang der Zeit
Brian Clegg
(Rowohlt, 2013)

Eine kurze Geschichte der Zeit
Stephen Hawking
(Rowohlt, 2011)

The Collected Papers of Albert Einstein
Albert Einstein et al.
(Princeton University Press, 1987)

Einstein: His Life and Universe
Walter Isaacson
(Simon & Schuster, 2007)

Einsteins Annus mirabilis: Fünf Schriften, die die Welt der Physik revolutionierten
John Stachel (Hrsg.)
(Rowohlt, 2005)

Das elegante Universum
Brian Greene
(Goldmann, 2000)

The God Particle: If the Universe is the answer, what is the question?
Leon Lederman
(Mariner Books, 2006)

Der große Entwurf
Stephen Hawking
(Rowohlt, 2011)

Quantum: Moderne Physik zum Staunen
Jim Al-Khalili
(Spektrum Akademischer Verlag, 2005)

Die Physik des Unmöglichen: Beamer, Phaser, Zeitmaschinen
Michio Kaku
(Rowohlt, 2010)

Mein Weltbild
Albert Einstein
(Ullstein, 2010)

Warum ist E=mc²?
Brian Cox, Jeff Forshaw
(Franckh-Kosmos, 2015)

ZEITSCHRIFTEN/ARTIKEL

Beyond Einstein
Scientific American, September 2004
www.scientificamerican.com

Dark Energy: Was Einstein right all along?
New Scientist, 3. Dezember 2005
www.newscientist.com

Einstein [In a nutshell]
Discover, September 2004
www.discovermagazine.com

Einstein's Blunders
Focus, Juli 2010
www.bbcfocusmagazine.com

Person of the Century
Time, 14. Juni 1999
www.time.com

WEBSITES:

Einsteinhaus Bern
www.einstein-bern.ch

Einstein online
www.einstein-online.info

American Institute of Physics: Einstein Exhibit
www.aip.org/history/einstein/

Einstein-Archiv
www.alberteinstein.info

Einstein Papers Project
www.einstein.caltech.edu

Eric Weisstein's World of Physics
scienceworld.wolfram.com/physics/

Häufig gestellte Fragen zur Physik
math.ucr.edu/home/baez/physics/

Large Hadron Collider
www.lhc.ac.uk

LISA Gravitationswellen-Observatorium
lisa.nasa.gov

ZU DEN AUTOREN

HERAUSGEBER

Brian Clegg lehrte experimentelle Physik an der Universität Cambridge. Außerdem entwickelte er Hightech-Lösungen für British Airways und arbeitete mit dem Kreativitäts-Guru Edward de Bono zusammen. Später gründete Clegg ein Unternehmen für kreative Unternehmensberatung, zu deren Kunden die BBC und Met Office gehörten. Er schrieb für verschiedene Zeitschriften und Zeitungen wie *Nature*, *The Times* oder *The Wall Street Journal* und hielt Vorlesungen an den Universitäten Oxford und Cambridge sowie der *Royal Institution*. Er ist Redakteur bei *www.popularscience.co.uk* und Verfasser zahlreicher Bücher, darunter *Quantentheorie in 30 Sekunden* und *Newton in 30 Sekunden*.

AUTOREN

Philip Ball ist freier Autor und war mehr als 20 Jahre Redakteur bei *Nature*. Er studierte Chemie an der Universität Oxford und promovierte in Physik an der Universität Bristol. Er publiziert regelmäßig in wissenschaftlichen und populärwissenschaftlichen Medien und ist Autor mehrerer Bücher, darunter *H_2O. Biographie des Wassers*, *Bright Earth: Art and the Invention of Colour*, *The Music Instinct: How Music Works and Why We Can't Do Without It* sowie *Curiosity: How Science Became Interested in Everything*. Für sein Buch *Critical Mass: How One Thing Leads to Another* erhielt er 2005 den *Royal Society Prize for Science Books*, die *American Chemical Society* zeichnete ihn für seine Popularisierung der Chemie mit dem *Grady-Stack Award for Interpreting Chemistry for the Public* aus, und er war 2008 auch der erste Empfänger des Spezialpreises für die Verbreitung und Förderung der Kultur der Komplexität im Rahmen des Lagrange-Preises der CRT-Stiftung.

Leon Clifford ist Autor, Berater sowie Geschäftsführer einer Firma und insbesondere darauf spezialisiert, Komplexes zu vereinfachen. Clifford schloss sein Studium der Physik mit Spezialgebiet Astrophysik mit dem Bachelor of Science ab und ist Mitglied des britischen Verbandes wissenschaftlicher Autoren. Als Fachjournalist schrieb er über viele Jahre für Zeitungen und Zeitschriften wie *Electronics Weekly*, *Wireless World*, *Computer Weekly*, *New Scientist* und *Daily Telegraph* zu wissenschaftlichen, technischen und wirtschaftlichen Themen. Clifford interessiert sich für die ganze Bandbreite der Physik, insbesondere aber für Klimawissenschaften, Astrophysik und Teilchenphysik. Er ist Geschäftsführer für Wissenschaftskommunikation von *Green Ink* und konzentriert sich dabei auf die Herausforderungen, die die Entwicklung in diesem Bereich mit sich bringen.

Rhodri Evans forscht auf dem Gebiet der extragalaktischen Astronomie. Seit über 16 Jahren arbeitet er bei Projekten zur luftgestützten Astronomie mit und ist maßgeblich mit für den Bau der Fern-Infrarot-Kamera für die fliegende Sternwarte SOFIA verantwortlich. Er forscht zur Entstehung der Sterne sowie zur Kosmologie, schreibt regelmäßig für Rundfunk und Fernsehen und hält zahlreiche öffentliche Vorträge. Evans betreut den Blog *www.thecuriousastronomer.wordpress.com*.

Andrew May ist technischer Berater und freier Autor zu Themen, die von der Astronomie und Quantenphysik bis hin zur Verteidigungsanalyse und Militärtechnik reichen. In den 1970er-Jahren lehrte er Naturwissenschaften an der Universität Cambridge und promovierte anschließend an der Universität von Manchester in Astrophysik. In den vergangenen mehr als 30 Jahren sammelte er vielfältige Erfahrung in der Hochschullehre und -forschung, im wissenschaftlichen Staatsdienst und in der Privatwirtschaft.

INDEX

DANKSAGUNG

BILDNACHWEIS
Der Verlag bedankt sich bei den folgenden Personen und Organisationen für ihre freundliche Erlaubnis, die Bilder in diesem Buch zu reproduzieren. Es wurden alle Anstrengungen unternommen, um die Rechte zur Reproduktion der Bilder einzuholen; wir entschuldigen uns für den Fall, dass es hier zu irgendwelchen unbeabsichtigten Unterlassungen gekommen sein sollte.

Science Photo Library: 24
Photo Researchers / Alamy Stock Photo: 44
Bygone Collection / Alamy Stock Photo: 62
Corbis: 80.
Bygone Collection / Alamy Stock Photo: 102
Bygone Collection / Alamy Stock Photo: 122
Bygone Collection / Alamy Stock Photo: 150

WEITERE TITEL DER BUCHREIHE